绽放心灵/红尘炼心

朱雪娜 编著

煤炭工业出版社
·北京·

图书在版编目（CIP）数据

绽放心灵　红尘炼心／朱雪娜编著．--北京：煤炭工业出版社，2018

ISBN 978-7-5020-5116-7

Ⅰ.①绽…　Ⅱ.①朱…　Ⅲ.①人生哲学—通俗读物　Ⅳ.①B821-49

中国版本图书馆CIP数据核字（2018）第245171号

绽放心灵　红尘炼心

编　　著　朱雪娜
责任编辑　马明仁
编　　辑　郭浩亮
封面设计　荣景苑

出版发行　煤炭工业出版社（北京市朝阳区芍药居35号　100029）
电　　话　010-84657898（总编室）　010-84657880（读者服务部）
网　　址　www.cciph.com.cn
印　　刷　永清县晔盛亚胶印有限公司
经　　销　全国新华书店

开　　本　880mm×1230mm $^{1}/_{32}$　**印张**　$7^{1}/_{2}$　**字数**　200千字
版　　次　2019年1月第1版　2019年1月第1次印刷
社内编号　20180642　　　**定价**　38.80元

前　言

你的生活是否舒心、快乐、幸福，取决于你对生活的态度。无论是家的温暖、与亲人的感情还是人际交往以及令人向往的爱情等，方方面面的事情只要你想做得完美，就需要有一个正确的生活观念来为你的人生领航。

生活是平淡还是多姿多彩，取决于你对生活的认识和你的日常行为。在生活中，我们要善待他人，要养成节俭的习惯，要善于同他人交往，要保持身心健康，要经营好自己的婚姻……如果能把这些看似平常的事情做好，那么，原本平淡的生活也会变得多姿多彩。

优质生活的前提是会生活。诚然，对于任何一个生存在这个世界上的人来说，“生活”始终与他如影随形。不会有人说他自己没有生活。穿衣、吃饭、睡觉、说话、爱人、孩子、亲人、家庭；工作、同事、朋友、交际都是生活，这一切贯穿于每个人一生的全部。应该说，每个人的基本特征是相同的，是什么构成了每个人不同的人生呢？是生活！

少一分忧虑，多一分安详；少一分伪装，多一分诚实；少一分忧郁，多一分快乐。这是优质生活追求的目标。回归内在自我的唯一途径就是生活得简单一些。简单有平息喧嚣的力量，让一切无休无止归于自然平静，它可以让人的内心富足。

梭罗说："所谓的舒适生活，不仅不是必不可少的，反而是人类进步的障碍，有识之士更愿过比穷人还要简单和粗陋的生活。"

目 录

|第一章|

活在当下

活在当下，把握今天 / 3
开眼看当下 / 6
不要活在过去 / 10
识时务者为俊杰 / 17
珍惜当前的拥有 / 24
当下的时间最重要 / 28
不珍惜今天便没有明天 / 32
享受今天 / 40
快乐活在当下，尽心就是完美 / 45
重视当下，就是重视将来 / 49

|第二章|

换一种活法

平常心 / 55

向生活致敬 / 59

换一种活法 / 64

扫清心中的阴霾 / 70

以高贵的姿态生活 / 76

循序渐进 / 80

给生活以色彩与光明 / 86

认识自己 / 90

生活的真谛 / 96

|第三章|

快乐

快乐地生活 / 105
“人没有痛苦便只有卑微的幸福” / 109
幸福就是愉快地活着 / 115
真正的幸福和快乐 / 121
幸福是内心的感受 / 127
幸福是一种心态 / 132
放下 / 136

|第四章|

简单

生活就是为了自己而活 / 147

生活不复杂 / 151

生活其实很简单 / 157

善待自己 / 161

善待他人就是善待自己 / 165

何时开始真正的生活 / 174

生活≠生存 / 180

悠闲 / 184

|第五章|

发现生活之美

创造美好的生活 / 193

不停止对美的追求 / 198

懂得欣赏生活的美 / 201

没有完美无瑕的生活 / 207

平衡 / 214

生活定律 / 220

心灵所体现的生活之美 / 224

第一章

活在当下

活在当下，把握今天

活在当下，是一种生活的态度，不能活在当下，就会失去当下。

我们大家每个人在每天甚至是每时，都要问一个问题：时间是有限的，应该好好把握利用呢？还是虚度现在，空想有个美好的未来呢？人们生活在矛盾当中，现在和将来都想好好把握，可又怎么把握好呢？

时间是无情的，它不会停下来等待你的步伐，也不会为你的悔过重新来过。只有让我们在每一分、每一秒、每一刻里感受到真正的自己，不要担心未来，也不要忏悔过去，来完完全全地活在这一刻。

对于你来说，什么事情是最重要的？什么人是最重要的？大多数人的回答是，最重要的事情是赚钱，过富足的生活。要是能当官就锦上添花了，有了钱就有了一切。最重要的人当然是父母、孩子和爱人了。至关重要的是活在每一个今天。也许有人会说，那今天晚上就去抢劫银行吧，不是活在当下吗？如果你真去抢了，你就会被抓入狱，过暗无天日的生活。当你开着一辆越野车在路上狂奔，享受刺激带给你快感的时候，必须知道前面有没有悬崖。活在当下，是以未来为导向。

活在当下，改变自己的心态，改变自己对事物的看法，学会不放弃，过好自己生命中的每一天。即使在最困难的时候，也要鼓励自己，挺过去就会有美好的明天。

在这个世界上，有许多事情是我们很难预料的，总会遇到很多不如意的事。

我们不能控制机遇，却可以把握机遇，掌握自己；我们无法预知未来，却可以把握现在；我们不知道生命有多长久，但我们却可以过好当下的生活。我们无法避免逆境与困难，那就迎难而上，获取新的生活！

学会了活在当下，可以在一定程度上避免祸不单行。有的人为什么灾难不断发生？原因就是心情不好，失去理智，思绪混乱，连续出现决策失误。如果能够活在当下，镇定自若，相信没有过不去的坎儿，在一定程度上可以避免祸不单行。

世界本来就不完美，快乐高兴人人满意的事不是天天发生，时时出现的，它取决于现实，取决于当下。如果我们不凡事苛求完美，生活就简单多了。我们只需要决定自己比较喜欢事物朝哪个方向发展，即使不能如愿，我们还是可以快乐的。就像有位印度大师对急于寻找满足的弟子说：“我把秘诀教给你，你要快乐，从现在开始觉得快乐就是了！”我们要建立积极的价值观，获得健康人生，增强自己的影响力。

但是道理好懂，实践起来就没那么容易了！可能人生还要体会各种经历吧！没有一帆风顺的命运，没有万事如意的人生，苦难是人生的必修课，逆境是成功的奠基石。用豁达的心境，睿智的头脑，坚强的意志度过生命中的不如意，迎接你的必将是一片晴朗的天空。

一个忽视当下的人，永远不知道自己的将来是什么，因为失去了当下，就等于失去了将来。没有未来的人生，是可怕的。当务之急就是要重视当下，把握好现在，为美好的未来做准备。

开眼看当下

古希腊著名的哲学家赫拉克里特说过："人不能两次踏进同一条河流。"这个世界就好像河流一样每时每刻都经历着变化，过去的永远不能重来。的确，在很多人眼里，过去的就是过去的了，你不能回到从前，更不能从头来过，正如你不能回到童年一样。

同样，未来尚未到来，未来是属于未知的，你我都不能把握。但是，这个世界上依然有三种人存在：活在过去的人，活在当下的人，活在将来的人。

活在过去的人，一直沉浸在自己的回忆中，回想着那些美好，不去理会当下或将来是否美好；活在当下的人，不去计较过去失去什么，不去计算将来能得到什么，只做好现在想做的事；活在将来的人，凡是都为将来考虑，为了将来，可以做自己不喜欢做的事情，可以把自己喜欢的一切放在一边；活在过去的人，通常现在都很不如意，脆弱的他们逃避一切，只想着回不去的过去；活在当下的人，是及时行乐，是活出自我；活在将来的人，只会放弃当下，忘掉过去。

把握现在，才能拥有美好的未来。过去总给我们美好的回忆，未来常留给我们许多斑斓的遐想。而“现在”总是那么令人难堪。其实，无论是山顶还是山脚，无论是城内还是城外，都没有完美的情境，我们只有力求自我完善和自我历练才能使生命焕发精彩。

“对逝去的时间即使了如指掌，对未来即使明察秋毫，假如没有把握好现在，意义又何在？”在大家心中都有一个梦想，既然有了梦想，就应该敢于去拼搏，敢于去进取，不要因为遇到困难，遇到挫折，就放弃。不要抱有“将来是将来的事，现在有的是时间，将来的事等将来再做也不迟”的思想。如果心里是这样想的话，那以后美好的未来将无法实现，后悔的只有自己！

在一个特定的现实条件下，在事情的发展中，总会有那么一个人成为推动事情发展的主角。也就是说，这个人是一定会出现的，他总是比别人有胆识，有眼光，有实力，有魄力……他总会因为顺应时势而成为做成这件事的英雄。

冰心说：“如果来生是痛苦的，我怕来生；如果来生是幸福的，今生已是满足了。”

何必为过去不可改变的事实而悲伤，停下脚步，活在当下，即使有一天会失去，把放弃的梦想托付给谁不也是很好吗？我们并不是活在过去。要知道过去根本就无法在你的现在里生存，所以我们应该勇敢的活在当下。

拿破仑的那个时代里，法国人民反叛情绪的积累，还有外国势力的侵略威胁，人民对当局政策的不满情绪，这一切都注定将有一个新的、更具威慑力的强硬政府来带领法国走上强大。所以，拿破仑横空出世了。在时势中，在历史发展的趋势里，时代孕育着英雄，顺应时势就必然会造就英雄的出现。

每一个人，不论什么时候，都应该懂得活在当下这个道理，因为就这四个字就可以令我们受用一生，这就是活在当下的奥妙，故事中的弟子们争来争去，到最后什么也没有得到，唯一得到的就是四个字“活在当下”。

所以，人的一生，只要真正地参透了“活在当下”这四个字，也就什么都明白了。

不要活在过去

活在当下就是活在永恒，因为从来都没有真正的将来，将来也永远不会到来，到来的都只是现在。我们唯有专注现在的生命，生命才会更丰富，更有价值！

很多时候，我们总是在为过去的事后悔，为未来的事担忧，如果任能够真正在当下这一刻，是不会有烦恼的。马克思说：“后悔过去，不如奋斗将来！”

在日常生活当中，许多人喜欢预支明天的烦恼，想要早一步解决掉明天的烦恼。每一天都有每一天的人生功课要交，努力做好今天就是对明天最好的准备。世上有些事是无法提前的，唯有认真活在当下，其实做好目前的工作，才是最真实的人生态度。

很多时候，人会回忆过去，回忆失去的东西，回忆已经逝去的美好。但是，却没有在意现在所拥有的幸福与美好！

《世界上最伟大的推销员》有一段话是这样说的：“假如今天是我生命中的最后一天，我要如何利用这最后的宝贵的一天呢？”

首先，我会把这一天的时间珍藏好，然后充分的利用起来。不让一分一秒的时间滴漏。与此同时，我不为昨日的不幸叹息，过去的已经不幸，不要再赔上今日的运气。时光会倒流吗？太阳会西升东落吗？我可以纠正昨天的错误吗？我能抚平昨日的创伤吗？我能比昨天年轻吗？一句出口的恶言，一记挥出的拳头，一切造成的出伤痛，能收回吗？得到的答案是否定的，不能收回，因为过去的永远过去了，既然是这样，我就没有必要再去老想着它了，最好的办法就是继续赶路。

所以，假如今天是我生命中的最后一天，我该怎么办呢？首先应该先去忘记昨天，当然更不要去痴想明天，明天永远是一个未知数，明天会发生什么谁也不知道。谁也不能

“计划永远赶不上变化快”，就算你把明天会发生的事情一一都想了一千遍，那么敢肯定的是明天发生的事情还是会完全出乎你的意料，给你一个一千零一个答案。既然如此，那么我们为什么要把今天的精力都浪费在未知的事上？

想着明天的种种，今天的时光也白白流逝了，企盼今早的太阳再次升起，太阳已经落山，走在今天的路上，能做明天的事吗？我能把明天的金币放在今天的钱袋里吗？明日瓜熟，今日能蒂落吗？明天的死亡能将今天的欢乐蒙上阴影吗？我能杞人忧天吗？明天和昨天一样都被我埋葬。我不再想它。唯有摆正心态，认认真真的活在当下，其实现在一直都在，只是有时候，当你一味地活在过去，一味地期待明天的时候，恰恰你也把现在给丢了。

活在当下是指，首先打造好自己的身份，让自己成为一个有爱心、有热情、真诚、负责等优秀品质的一个人，当他是这样的一个人的时候，他的角色无论是什么他都能够平衡好自己的状态，使自己为了当下的人和事物去负责人，不会盲目的掉入了自己的情绪之中，也不会活在未来，或者活在过去。

佛家常劝世人要“活在当下”，就是要你把关注的焦点集中在你身边的人、事、物上面，全心全意认真去接纳、品尝、投入和体验这一切。并说，当你活在当下，而没有过去拖在你后面，也没有未来拉着你往前时，你全部的能量都集中在这一时刻，生命因此具有一种强烈的张力。

英国文豪家莎士比亚的名言：一直悔恨已逝去的不幸，只会招致更多的不幸。

有一个妇人，她在上街的时候不小心掉了一把伞，就因为这一件小事情，她这么一路上都很懊恼，还不停的责怪自己，怎么如此的不小心，回家之后，她才发现，天啊！连她的钱包也不见了，原来她一心惦记着掉伞的事性，结果恼怒、惶恐、不安中连自己的钱包也掉了。

这就是得不偿失，过去的不论你怎样，它已经成为过去时了，已经不能挽回了，所以眼前就应该好好活在当下。人类可分为悲观主义者与乐观主义者这两种，差别就在于，面对事情的态度。人类是知性的动物，任谁都会对自己所犯的错事，感到后悔，但一味地悔恨，只会令自己困在死胡同里，这个时候，本身自我调适的态度就很重要了，悲观论者提不起精神，乐观都却越挫越勇，产生比以前更充沛的精力。如同放在桌上有半杯水，悲观的人说："唉，只剩下半杯水了。”乐观的人却说：“太好了，还有半杯水哦！”其实有的时候，抬头仰望，天空总是那么的蔚蓝，阳光总是那么地灿烂，重新站起来，继续走我的路。当然更应该认真活在当下。

人不能活在过去，这似乎算不得什么深奥的道理，但真要做到如此也并非易事。就像一首歌曲里唱的那样，“昨天所有的荣誉，已变成遥远的回忆，不论现在有多么的苦，多么的累，都要坚强起来，别忘记了心若在，梦就在，天地之间还有真爱。看成败，人生豪迈，只不过是从头再来”。但是人生不如意事十之八九，当那个“过去”堪称辉煌，而现实又难以让人如意时，有很多人宁可活在过去。

一个活在过去的人，不会明白在他身边人的心情。不会知道守候在他身边的人有多伤感。很多人都喜欢怀旧，是的，可以。谁也不可能忘记以前的美好。但是如果一味地活在过去，一味地怀旧，生活将会怎样？其实人生本来就很现实，但当一味地活在过去，不论是美好的，还是伤心的，这个人是最可悲的，因为他永远不会明白眼前是多么美好。

不在过去，不遥望未来，只求活在当下，如果真的就这样的只求活在当下，那样的人生一定会活得更出彩，不是吗？

过去的总是会过去，未来的事情不去考虑，什么也别多想，只要过好现在才是最重要的。

其实有的时候，想一想，回忆也很美，它会时刻滋润着你的心田，它会像一个“隔杂机”，好的留下，坏的扔掉。缠绕在心头的情愫，就让它再一次颤动吧，不要摧毁，就作留给回忆一点点的润色吧。其实悲伤是生活百味的一种，没有了悲伤，你将会忘记快乐的味道所以我们都要懂得空掉过去，活在当下，学着去享受吧！

现在的一切其实都掌握在你自己手里。

“我不能左右天气，但是我可以改变心情。我不能改变容貌，但是我可以展现笑容，我不能控制他人，但是我可以掌握自己。我不能预知明天，但是我可以利用今天我不能样样胜利，但是我可以事事尽力。我不能决定生命的长度，但是我可以控制生命的宽度。”

因为只有放空过去，才能活在当下。忘掉小我，才能感受整个生命的大我。忘掉过去，才能真正放下一切，在生命的海洋上无所畏惧地漂浮。所以，与其去只在回忆里活着，倒不如去珍惜当下。

虽然有的时候，过去看上去是像是一个伤害，但也许那只是你的错觉而已，千万不要总是活在过去，因为过去永远无法在现在里生存。所以静下心来想一想，你应该感谢过去，正因为有了过去，现在的生活才让你知足。那些痛苦我们都承受下来了，才有信心能面对以后的生活。过去永远无法在你的现在里生存，认真活在当下，让自己幸福最重要！

所以，不活在当下者往往不懂得什么是快乐，因为他们有的回忆过去、沉浸在过去的痛苦或辉煌中，留恋于昔日的辉煌或自豪之中，对当下却感到失落，郁闷不快；有的在担心未来，担心金钱、地位、财富的失去，将目光落在遥远的虚幻之处，丢下本该用身心去感受的现实。“活在当下”就应该放下昨天和过去的烦恼，舍弃对过去美好的回忆和留恋，舍弃对于明天和未来的过度担心、恐惧和忧虑，用全身心的精力来承担眼前的这一刻。

其实有时候，我们什么都不或缺，唯一缺的就是活在当下的魄力和心态。这或许应该是佛家的境界。谁又能全身心地关注当下？谁能真正不负累于过去，不担心未来，不是在舍与得中蹉跎岁月呢？否则我们在闲聊时，怎会大谈特谈我们辉煌的“成就”，抱怨我们目前不尽如人意的境地，企盼未来虚无缥缈的理想。

识时务者为俊杰

对于过去来说，辉煌也好，失败也罢，都只属于过去的财富，停留在过去的范畴，这种时间的落差永远无法填补。所以只有整理心情重新出发，定义一个全新的自己。但是所有这些感觉都是在当下产生的，并且会对当下产生影响。绝大多数情况下，它们无助于我们的幸福和快乐。我们必须学会如何面对这些感情。我们必须记取的主要的一点是，过去和未来都存在于当下，如果我们抓住了过去，我们也就改变了未来和当下。

当下是真的，过去和未来也是真，把过去和未来引领到当下的也是真。但有时候，我们会想到要改变过去，可过去的也就真的过去了，也不可能改变了，我们唯一要做的就是活在当下，因为当下也会变为过去，所以，反过来说，过好了过去，也是另外一种活在当下。过去我们或许说过、做过对别人有害的事情，现在我们后悔了。

根据佛教心理学，后悔是一种不定心所。这就是说它既可以是建设性的，也可以是破坏性的。当我们知道我们说的或做的某种事情导致了伤害的时候，我们可以提起忏悔的心，发誓将来我们不再重复同样的错误。在这种情况下，我们的后悔就产生了好的结果。另一方面，如果后悔的感觉继续侵袭着我们，使我们无法关注其他的事物，把所有的安宁和快乐从我们的生活中带走了，那么这种后悔就带来了不好的后果。

过去是为了延伸未来，而未来则是过去的延伸，如果你无法放下过去，那未来只不过是你过去的沉腐再现，未来只是过去的重复而已，那也是没有意义。

所以，当下，把心放下吧！把昨天的一切烦恼抛开，不用担心明天，明天自己会安排好它自己，因为你拥有今天。

就是因为过去，接着你开始想象你的未来，你开始担心，你牵肠挂肚。你没有发现吗？你的怒气、恨意，不都是为了过去的事，为了那些过眼云烟而生的吗？而你的焦虑、烦恼不也是为未来，一些尚未到来的事而苦恼的吗？

当我们回忆过去的时候，有可能产生悔恨和羞耻感。当我们展望未来时，有可能产生希望和恐惧感。过去带给你的只是一个回忆，一个圈定你以往生活的枷锁。人们都说“忘记过去就等于背叛”。其实不然，因为每一个逝去的昨天也曾经是当下，所以你过好了当下也是过好了过去。

林则徐嘉庆九年中举，十六年中进士，也曾与当时一些有志之士一道提倡经世致用之学。在任上他积极整顿盐务，兴办河工，筹划海运，做一些造福国民的事。他还采用劝平粜、禁囤积、放赈济贫等措施救灾抚民。升任河东河道总督，他还亲自实地查验山东运河、河南黄河沿岸工程，提出改黄河水道根治水患的治河方案。他还为克服银荒和利于货币流通，反对一概禁用洋钱，提出自铸银币的主张，为中国近代币制改革的先声。

他升任湖广总督时，鸦片已成为严重危害，林则徐提出六条禁烟方案，并率先在湖广实施。他上奏朝廷：“历年禁烟失败在于不能严禁”，表达禁烟的重要性和禁烟办法。于是他被任命为钦差大臣，前往广东省禁烟。抵达广州后，他会同两广总督邓廷桢等传讯洋商，令外国烟贩限期交出鸦片，并收缴英国趸船上的全部鸦片，于道光十九年（1839）四月二十二日起在虎门海滩销烟。在此期间，林则徐还注意了解外国情况，组织翻译西文书报，供制定外交对策。所译资料成为中国近代最早介绍外国的文献。林则徐还大力整顿海防，积极备战，购置外国大炮加强炮台，搜集外国船炮图样准备仿制。

面对强大的封建保守势力，林则徐为官时的一言一行之所以成为亮点，是因为他顺应了当时国家的局势和国人的那种民族精神。不掌握大环境，你纵是有济世之才，你也会默默无闻，甚至还会身败名裂。中国有句话叫“识时务者为俊杰”。做事要顺人情，顺时事，顺天理。顺势了，你为人做事顺水又顺风；不知时事，你会举步维艰。

在与林则徐同时代的另一个人就没有那么好的运气了。郭嵩焘20岁时考中举人，经过几年游幕生涯，终于在1847年考中进士并正式步入仕途。由于曾国藩的举荐，1856年到京城任翰林编修，他也深得咸丰帝赏识。咸丰帝派他到天津前线随僧格林沁帮办防务，因为他的刚直，与曾格林沁积怨很深，终遭排挤，不久就黯然归乡隐居。

“马嘉理案”发生后，清政府只得答应英国的种种要求，其中一条是派钦差大臣到英国“道歉”，并任驻英公使。清廷决定派郭嵩焘担此重任，因为当时只有他懂得洋务。

中国派驻出使大臣的消息，在国内引起了轩然大波。因为中国传统观念认为其他国家都是蛮夷之邦的“藩属”，是定期要派“贡使”来中国朝拜的，决无中国派使“驻外”之说。中国虽然屡遭列强侵略，但这种对外交观念并无改变，认为外国使节驻华和中国派驻对外使节都是大伤国体的奇耻大辱。所以，郭嵩焘的亲朋好友都认为此行而担心，为他出洋“有辱名节”也深感惋惜。更多的人甚至认为出洋即是“事鬼”，与汉奸无异。有人编出一副对联骂道：

出乎其类，拔乎其萃，不容于尧舜之世；

未能事人，焉能事鬼，何必去父母之邦。

当时守旧氛围最浓的要数湖南一群绅士，他们群情激愤，认为此行大丢湖南人的脸面，要开除他的省籍，甚至扬言要砸毁郭家宅院。郭嵩焘在强大压力下，曾几次称病向朝廷推脱，但都未获得批准，终在1876年12月从上海登船赴英。到达伦敦后，他立即将自己的一言一行仔细地记为《使西纪程》寄回总署。将途经十数国的政治风情、宗教信仰，富民策略全都作了介绍。但总理衙门刚将此书刊行，立即引来顽固守旧者的口诛笔伐。有人以郭嵩焘“有二心于中国，欲中国臣事之”为理由提出弹劾他。由于找不到合适人选，清廷也没能将他召回，但最终下令将书毁版，禁止了这本书的流传。

郭嵩焘的副手刘锡鸿也不断向清政府打着小报告，列出郭嵩焘的种种“罪状”。巴西国王访问英国，郭嵩焘应邀参加巴西使馆举行的茶会，当巴西国王进场时，郭嵩焘也随大家一同起立。这本是最起码的礼节礼貌，但刘锡鸿却将这件事说成是大失国体之举，因为“堂堂天朝，何至为小国国主致敬”！更严重的罪状是说郭嵩焘向英国人诋毁朝政，向英国人妥协等等。

郭嵩焘回国后心力交瘁，不久就请假回到乡里。不想回到故乡长沙时，等待他的却是全城人的指责，指责他是“勾结洋人”的卖国贼。就这样，他在一片辱骂声中离开了政治舞台，终不再被朝廷起用，于1891年在孤寂中病逝。

如果你不能顺应时势，无论你是多么的正确，你也不会走向成功。在今天看来，郭嵩焘的做法可谓是开眼看了世界，但他忽视了他置身的是一个迂腐而又故步自封的大环境下，自已的力量又是多么的渺小，想做一些超前的事很少有人拥护。在现代社会也是如此，做人要熟知做人之道；做事要遵循做事的规则，要懂得“入乡随俗”。这样，你活在当下才会游刃有余。

珍惜当前的拥有

有时候，我们说了不该说的话，做了不该做的事情，因而造成了伤害，这就会让我们觉得后悔和痛苦。过去我们缺乏经验，所以很多事情虽然已经过去，但它的后果到今天仍然在影响着我们。我们的痛苦、羞耻感和后悔是这一后果的一个重要组成部分。如果我们深入地观察现在并把握它，我们就能够改变它。我们通过反省、决心和正确的言行来做到这一点。所有这些都发生于当下。当我们用这种方式来改变现在的时候，我们也便是改变了过去，同时也构筑了未来。

如果我们说，所有的东西都丢失了，一切都被毁掉了，或者灾难已经发生了，那么我们是没有明白过去已经成为了现在。当然痛苦已经形成，它的伤口还在舔舐着我们的灵魂，但是我们不能总是凭吊它，或为我们过去所做过的事情而痛苦。我们应该抓住当下，并改变它。酷旱的痕迹只能用一场充沛的降雨来消除，而雨只能落在当下。佛教的忏悔就是建立在这一认识的基础之上，即“罪源于心”。

有一天，当我们把一块香蕉皮扔在垃圾箱的时候，如果我们处于觉照状态，我们将会知道在短短的几个月之间，这块香蕉皮就会变成肥料，并再生为一只土豆，或一盘莴苣色拉。但是当时我们把一只塑料袋扔到垃圾箱的时候，感谢我们的觉照，我们知道，塑料袋不会很快地变成土豆和色拉。某些种类的垃圾需要四五百年的时间才能分解，核废料需要25万年的时间才能停止危害人类和环境从而回归土壤。

在日常生活中，我们也会产生出心灵毒素。它们不但会毁掉我们，也会毁掉那些与我们一起生活的人，不仅仅是现在，未来亦是如此。佛教讲三毒：贪、嗔、痴，另外还有别的危害性很大的毒素：嫉妒、偏见、骄傲、疑心和固执。

所以更应该以一种觉悟的方式活在当下，全心全意地照顾好当下，我们就不会做毁掉未来的错事。当然，我们也不会重新把过去给“拽”回来，别忘记了，过去也曾经是‘当下’，为未来做些建设性的事情，这是最具体的方法。不管你现在在做什么，它一定会成为过去，但此刻你却站在‘当下’，所以，活在当下，也就是活好了过去，也过好了将来。

所以活在当下也意味着当这些毒素升起、现行并重新回到无意识状态的过程中，接受和正视它们，并为了改变它们而去修习禅观。这是一种佛教的修行。活在当下，还意味着，去看那些美好健康的事物，以便滋养和保护它们。幸福是正视事物、和事物相沟通的直接结果。这种幸福是构筑美好未来的原材料。

空掉过去，活在当下。多么富有诗意的一句话，蕴含了高深的佛学，总之，你从过去想到未来，却没有一件事跟‘现在’有关；你会不快乐，那是一定的，因为你已经脱离了当下。你现在很不快乐，那一定是你不在现在。

有一个乡下姑娘挤了一罐牛奶，把它顶在头上，她高高兴兴地往街上走去。

刚来到集市上她就开始胡思乱想了：这罐牛奶可以卖几块钱，这几块钱可以买几只小鸡，小鸡长大了可以下很多的鸡蛋，鸡蛋又可以孵出很多小鸡，小鸡长大又可以下很多鸡蛋，这些鸡蛋卖的钱就够我买一条漂亮的裙子了，我穿上到王宫跳舞，我的舞姿吸引了王子，王子邀请我跳舞，我要摆摆矜持……她得意忘形，牛奶罐掉在地上全洒了。

看着洒了的牛奶，姑娘伤心地哭了，为摔碎牛奶罐哭泣，失去了好心情。连续两个不幸发生，真是祸不单行。这是个多么可笑可悲场面！

不能活在当下的人，也正是失去当下，失去将来的人。

这时候的你，不要再埋怨命运的不公，不要再埋怨家境的不济，而是自己没有好好把握住自己的人生，没有好好抓住当下，既而失去了很多。

过去其实永远只存在过去了，不可能代表着现在，佛说："人，应该活在当下。"没错，当我们把过去放在脑后的时候，你会发现能够认真的活在当下也是一种美好。当你活在当下，你就能够利用现有的机会。

明智的人都会理智地把过去抛开，因为如果你把过去的包袱和未来的重担挑在肩上，你会浪费大量精力。你过去的包袱，即过往的伤痛和损失，已经永远逝去，你的未来将逐步展现，要释放你的潜能，你必须把精神集中在面前的每一个时刻；你必须把每一天当作是你的最后一天来度过。这样的话会变得充实而精彩。每一天都会成为永恒，每一分钟是如此珍贵，令人兴奋。

当下的时间最重要

很多人，往往有一个很坏的毛病，不懂珍惜和拥有，总是费心巴力地去追求一些够不着摸不到的东西。拥有的时候，无视它的存在；失去了，才后悔，噢，原来它这么重要！

人生的很多时候，并非我们的烦恼太多，而是我们不懂得生活；也不是幸福太少，只是我们还不懂得把握。覆水难收，很多东西，失去了就是失去了，怎么也无法找回来。譬如青春，譬如亲情，譬如时间。

对于时间来说，人生只有三天：昨天、今天、明天。

漫漫的人生路上只有短短的三天：昨天、今天、明天。

昨天早已过眼烟云；今天正风驰电掣般飞过；明天还姗姗来迟。纷繁的大千世界，每一天都是崭新的一天，每一天的每一个人都会发生不同的故事，岁月依旧，每一天都会有呱呱坠地的新生命，它象征着新的一个开始，而每一天也都有撒手逝去的老人，它残酷地告诉我们生命的有限，唯一不变的就是：太阳依旧从东方升起，自西方落下，这是千古不变的定律。

哲人说：珍惜人生吧！人生只有三天：昨天、今天、明天。昨天，今天，明天，构成了时光的年轮，组成了人生的“三步曲”。忘怀昨天的人，不会珍惜今天；虚度今天的人，也不会重视明天。

不要总是向往他人的美好，不要总是羡慕他人的高官厚禄，娇妻美貌，多看看自己，珍惜自己当前的拥有。懂得珍惜的人才能真切领悟生命的神圣，和人生的奥秘，才能真正追寻到自己想要的东西。

懂得珍惜当前的拥有，人生才会幸福，才会快乐，才会拥有一个富足的心态支撑自己不断向前。而珍惜拥有本身，你就已经拥有了最美好的东西。

一天，有一位成功的企业家陪同父亲到一个高级餐厅用餐。现场，一位小提琴手为大家动情演奏，他的琴艺非凡，令人如坠仙境般美妙。

一曲毕，企业家对父亲说：“爸爸，当年我要是好好学琴的话，如今没准也能弹得如此美妙之音。”

“是啊，不过，”父亲回应着儿子，顿了顿说道，“如果那样的话，你可能现在就不会在这里用餐了！”

人们总是为失去的机会感叹，却忘记了为现在所拥有的东西感恩。殊不知，所有的一切都不是理所当然的。向往别人美好的同时，别忘了，珍惜你当前的拥有。

世界上最珍贵的东西，并非得不到，或者已失去，世界上最珍贵的东西是你现在能拥有的幸福。

我们总是追寻着幸福的脚步，觉得幸福离自己那么遥远，自己总是抓不到，其实，更多时候，幸福就在我们身边，是你忽视了它。人生最可珍贵的不是你已经失去的，也不是你还没有得到的，而是当前你所拥有的。然而，很多人，并不真正懂得这个道理。

失去的，已经失去了，无可挽回，未来太遥远，我们能够把握住的，唯有现在。珍惜当前的拥有，你会发现人生的财富会越垒越高，人生的路也会越走越广！谁说身边的青蛙不会是英俊的王子，谁说暂时的失利不会是前进的阶梯，谁说自己没有选择当初的愿望就不会得到灿烂的前程，珍惜当前的拥有，你会是一个富足而快乐的人！

不珍惜今天便没有明天

人活着是需要思考的；思考也应该是人生的常态。人是因为会思考而快乐；往往人也是因为思考而陷入痛苦。因思考而快乐的人其思维是简单的，他们活在当下；因思考而痛苦的人想的比较复杂，他们往往老是生活在昨天或明天，而忽略了今天。

“过去”和“未来”是生活中人们常说的语言，也是人类语言当中认为有些危险性的两个词，因为在“过去”和“未来”的今天，这条路就像是一条挂在半空的绳索，当你走在这条绳索上，你会感觉到两边的空荡和危险，你会怕掉进“过去”和“未来”，一旦掉进了任何一边，都将使你的生活深陷迷茫之间。

有一个活在痛苦中的人，一想到昨天的失败、不可预知的明天，原本就不开朗的心情将会更加的愁苦！就这样，于是他决定去会花去今天大部分的时间去为已经无法改变的和尚未到来的而忧虑、而担心；他又将拥有一个失败的昨天和一个不可知的明天。

就这样，日复一日，年复一年，周而复始，恶性循环，人生于是充满了忧怨、充满了愁苦！但是，如果他知道自己只需要为今天而活，只需要活一天，又或者，他只有一天可活时，他一定不会再为已经逝去的昨天而痛苦，也不会为明天的不可知而烦恼！相反，他一定会好好规划这一天，做自己想做的事，说自己想说的话，而这一天一定会是一个没有时间去品尝痛苦或愁苦的一天！

但是，如果你单纯地过着今天的生活，你会无意中尝到一种片刻的甜蜜和自在，因为你不用顾虑那两边的危险，你就有轻快的步伐走在今天的大道，一步步走出今天，快乐的，开心的，都陪伴着你。在这个时候，你会保持这与这种生活同步的意识，你也就不会去在意那过去和未来的危险了。

所以，这样看来，大部分的痛苦其实是人的不可知的思绪对人本身的一种欺骗，大部分的痛苦其实是自找的。道理，每个人都懂，可是，要想真正做到却很难！这也是现如今，精神疾病成为一种流行病的重要原因。喜欢自寻烦恼的人们，除非自已愿意解放自己，谁也帮不上忙。何去何从，每个人自会有不同的选择，芸芸众生才有了众象！

活在今天，就是一种全身心投入你的生活的最佳方式，当你只有活在今天的轻松时，你没有过去在扰乱你的精神，拖着你向前迈进的步伐，更没有未来强拉着你向前盲目的狂奔。生活的路是崎岖不平的，当你被未来拉着狂奔的时候，也许会有摔倒的时候。所以，活在今天，你将你的全部精神能量都集中在这一时刻，你的生命活力就会有一种更张弛的力量。这就是人生促使生活更丰富的唯一方式。

昨天是我们登上今天的台阶。没有昨天，我们就走不到今天。昨天是今天的重要组成部分。没有美好的昨天，就不会有丰富博大的今天；没有昨天，今天就会更加单调和瘦小。我们拥有最多的就是昨天，昨天里有宝贵的财富，有渊博的知识，有深刻的思想，有超人的智慧，有生活所必需的丰富的物质文明。昨天已经逝去，我们不再拥有，今天正在悄悄地向我们走来，明天是一个极大的未知数，要我们用心去体验的只有今天，拥有今天的就是拥有财富，就是拥有希望。

昨天是历史，记录着我们生活的轨迹，成功和失败，光荣和耻辱，经验和教训，萎靡和辉煌。昨天像一个教师教育着我们，指导着我们，使我们呼吸着智慧的空气。昨天是一面镜子，可以照见人间的美丑、是非、善恶。昨天像一位传道者，告诉我们如何做人，指引我们步入高尚的道德殿堂。

回首昨天，应该问心无愧；面对今天，应该信心百倍；展望明天，应该倍加努力。然而昨天，是美丽的，是记忆里最深刻的一页。世界上有许多个昨天，每个昨天都不一样。昨天还是风雪交加，今天已经晴空万里了；昨天还是花苞，今天已是盛开的牡丹了。

珍惜今天的一切，你会觉得阳光真的很美，人生真的很绚丽多彩。珍惜今天，珍惜拥有，你便是世界上最富有的人。昨天告诉我们如何对待死亡，告诉我们如何获得新生。昨天让我们学会了回忆，学会了思考，学会了珍惜，学会了奋进，学会了取舍，让我们懂得了生死的含义。

人生本来就很短，转眼之间一切烟消云散，卧龙跃马终黄土，何不豁达一些，超然一些？秋天尚知用平静安逸去容忍春夏之一切苦恼，迎接冬的严寒，物犹如此，人何以堪？用心去体会，感悟，自己的昨天今天明天吧。

啊！今天，是多么的美好啊。明天啊！给了我们无穷的希翼。明天，光明，明亮，光明明亮的明天，要我们好好珍惜时间，明天就会大放光芒，引你走向光明大道。明天的一切都充满憧憬，充满欢乐的。明天，这个神秘的时光老人，必然会向人们挥手示意。回忆昨天，珍惜今天，展望明天！愿我们用自己的双手，撑起一片灿烂的天空！

很多人都说，把今天当作人生命的最后一天。因为人只能活在今天，一切的肢体活动都在今天里凸显。

但是佛说，人应该活在当下，而当下却是一个很广阔的词，它包含了昨天、今天、还有明天。然而，昨天已成为历史，今天正在度过，明天又在召唤。昨天，是今天的继续，是从今天开始的。今天，是从昨天走过来的，是过去的终结。明天，是今天的期盼，也是今天的延伸。

海明威说，我只有对第二天要干什么心中有数时，才能休息。如果是这样，昨天里就有了设置好的今天，今天里就有了设置好的明天。我们的今天已经带着昨天，也装着明天。所以一直以来，昨天、今天、明天，这是一个很多人都在思考和讨论的话题，也是常写常新的一个永恒话题。其实，人生也总共就这“三天”。思索昨天，会使你变得深沉；把握今天，会使你变得充实；展望明天会使你心胸变得开阔，目光变得更遥远。

这世上活着的人也可分为三类：为昨天而活的人；为今天而活的人和为明天而活的人。也许你会觉得第一种人感情专一，第三种人浪漫，而第二种人却是呆板的。但真正的是昨天已成过去，有些东西让我们记得，是为了今后能走得更稳；明天还没有到来；我们无法把昨天请将回来，明天也不能提前拥有。但明天给我们憧憬，让我们有希望，有奔头；可是，我们可以把握的只有今天。我们总认为今天是最重要的，今天好像能代表我们生命的全部。而最重要的，永远是每一个今天，这是我们唯一能把握的确定因素。

昨天，今天，明天，最重要的是把握住今天，抓紧现实中的一分一秒，胜过沉醉于梦中的十年百年。聪明的人，检查昨天，抓紧今天，规划明天；愚蠢的人，悲叹昨天，挥霍今天，梦想明天，最终浑浑噩噩虚度一生。一个有意义的价值的人生，应该是：无愧无悔的昨天，丰硕盈实的今天，充满希望的明天。

怀念昨天的人，总是把今天的时间用作怀旧而不做实事，而梦想明天的人，虽然有美好的梦想，但往往是不切实际的，唯有为今天而活的那种人，他活得才是有意义的。他既不会为昨天的过错而耿耿于怀，也不会为明天的事而浮想联翩，他不仅活得踏实，而且还很潇洒。因为他不会为昨天而感伤，也不必为明天而幻想。

今天把握不好，就会成为不好的昨天。昨天好像是一朵凋零的黄花不足珍惜。明天就更不用说了，一首《明日歌》好像明天就似蹉跎岁月，就是惰性的借口，就是让我们碌碌无为的诱因。当然，我们应该抓住今天，但我们也决不能抛弃昨天，更不能放弃明天。

昨天是基础，今天是行动，明天是计划。没有今天，昨日就不会进步，计划的明天就会落空。没有今天，我们就驶不出昨天的港湾，就达不到明天的彼岸。所以，我们也不能仅仅停留在为明天的碌碌无为而叹息，那么，明天又会为今天的一事无成而悲伤。同样，如果只是躺在对明天的幻想中过日子，那么，明天带给的你有只能是又一次失望。

昨天是永远存在的，今天和明天终究有一天会不再和我们相遇，我们会定格在一个固定的昨天里。我们注定要活在今天，梦在明天，死在昨天。所以昨天才是我们真正的归宿。我们只有知道了昨天，懂得了明天，才可能知道今天是什么。

享受今天

习惯了活在过去，活在未来，活在一已的世界，活在遥远的未知，以为未来或者过往才是天堂，对于现状，看着厌恶，懒得多想。究其何因？无人问津。

许多人只喜欢去预支明天的烦恼，想要早一步解决明天的烦恼。又何尝知道明天如果有烦恼，你今天是无法解决的。每一天都有每一天的人生功课要做，努力做好今天的功课再说吧！或许人生的意义，不过是嗅嗅身旁一朵朵清丽的花，享受一路走来的点点滴滴而已。

在今天，快乐的今天，丰富生活的乐趣，好像给你一个深深潜入生命之水的机会，让你高高地飞进生命天空地大好时机。对你来说，对所有懂得生活的人来说，生命就是一切！

昨天已经过去了，明天是虚幻的，正在经历的今天是你唯一能把握的。过好每一个今天，你就会拥有一个值得回忆的昨天、一个值得期待的明天。所以，只为今天而活！

每个人都应该只为今天而快乐，这样便可假定亚伯拉罕·林肯所说的“数人的快乐大致依他们的决心而定”正确的。那么快乐是来自内心，而不是来自于外在。快乐发于内心，它不是一件外在的事情。明天不可估计，昨天已经过去，而只有今天才是正在眼前。

“不管我们的灵魂期盼什么，我们都会努力去追寻，心里有所渴望，精神受到感召，从这中间可生出无穷的力量，要知道，支撑我们人生的是希望！”希望固然重要，计划固然必要，但现在的行动更重要。

在日常生活中，人们用“昨天”“今天”“明天”来划分时间，当然“昨天”代表过去，“今天”表示现在，“明天”则是将来。人们往往在缅怀“昨天”的同时，却总在担忧着自己的“明天”，而对美好的“今天，却熟视无睹，根本不知道它的珍贵，不知道珍惜。殊不知，在人生中“今天”是最为重要的。当然“今天”指的是此时此刻。

人的一生都在寻求自己美好的理想，而当现实与理想距离甚远时，我们要做的就是要活在当下。只有这样才会一步步地靠近看似不可以实现的理想。我们不要为了将来而不断地牺牲现在，这样会让你迎来此刻的快乐，会让幸福永远将临到你。

果戈理说：“写作的人像画家不应该停止画笔一样，也是不应该停止笔头的，随便他写什么，必须每天写，要紧的是学会完全服从思想。”莎士比亚也曾说过：“在时间的大钟上，只有两个字‘现在’。我们应该永远珍惜眼前的一分一秒，着眼现在，因为没有现在，也就没有未来。”著名物理学家爱因斯坦说：“人与人之间的最大区别就是在于怎样利用当前的时间。”

在无法预知的未来面前，唯有活在当下，才是真实的人生态度。

梦想的点滴要在琐碎的行动中追寻，我们梦想太多，当未来还遥远时，我们要的就是现在。每个人都有梦想，都有追求梦想的欲求，但是色彩斑斓的世界并不会让你如此顺利地实现梦想。当现实与梦想间的距很远时，你所能决定的只是现在。事界上很多事情是无法提前的，唯有认真地活在当下，才是最真实的人生态度。

《哈里·波特与魔法石》里面有这样一个情节：在一个偶然的时间里，霍格茨魔法学校里的一奇特的镜子被哈里·波特发现了，他通过镜子可以看到一切所渴望的东西，即我们的“梦想”。哈里·波特通过镜子看到了自己与父母在一起的幸福生活。这时他的好友罗恩也看到了自己做学生会主席的光荣。对哈里·波特来说，与自己的父母在一起是自己最大的理想。于是，他总是在镜子面前待好长时间。后来，那面神奇的魔镜被院长邓布利多给搬走了。同时也教育哈里·波特，不要长时间沉浸在镜子面前，沉浸在成功与梦想的喜悦幻想中而忘记了当下的时间，从而失去对现实的把握……

时间不像金钱那样可储存起来以备不时之需，每个人能用的只有“今天”和“现在”。我们无法把握昨天，因为昨天已经成为历史，回忆只能是学习和总结，或许更多的仅仅是后悔和遗憾；我们也无法把握明天，因为明天还没有来到，只能给予希望和向往。我们能把握的只有今天。

当你拥有一个美好的梦想时，你的生命就获得了某种动力，可是，当我们发现自己的梦想与现实是多么遥远时，我们考虑的问题是怎样去实现自己的梦想，这才是最重要的。

我们可以想象夸父追日的艰辛，我们可以想象玄奘西游的困苦，而他们之所以能够实现梦想，正是因为他们以正常人不可理解的想法，走了正常人不敢走的道路，坚定了正常人所没有的梦想。

世界上最宝贵、最值得珍惜的是时间，最容易消逝、过得最快的也是时间。古人说：“莫等闲白了少年头，空悲切。”把握不住今天，也肯定把握不住明天。综观古今中外的伟大人物，无一例外不是紧紧地抓住一个个稍纵即逝的“现在”“今天”，立足于“今天”，运筹“明天”。

快乐活在当下，尽心就是完美

对不能实现的梦，林清玄的感悟是两剂清凉散：“快乐活在当下，尽心就是完美。”佛说，活在当下。有一天他豁然开朗满心欢喜：“不要为明天烦恼，要努力地活在今天这一刻。”但是生活在这个世界上的有两种穷人，没有真正的生活方式的人是一种生活贫乏的人，也许他们拥有很多钱财，可在今天丰富的生活环境中，他们是富有的穷人，因为他们没能拥有丰富的精神去生活今天的乐趣。他们有的只是自我感觉到的物质和财富，可这与我们所追求的生活方式不能同步，他们没有真正的生活品质，没有生命当中的喜乐。

同样，昨日之事如流水，抽刀断水水更流，将所有美好的或忧伤的记忆留给昨天，不必怀念过去，以一颗宽容的心迎接未知的明天！

然而，这些东西只有懂得享受今天生活的人才会品味得到，也才能感受到今天生活的乐趣。生活的品位，只有静心的去打造，没有过去和来的干扰，也才更能感受生活乐趣的深意！而活在今天，是体验活着的乐趣，亲情，友情，爱情温暖人心；感动，激动，冲动摄人心魄；悲伤和喜悦交织，成功与失败共存。所有这一切都包含在今天这个万花筒中。

吃饭就是吃饭，睡觉就是睡觉，这就叫活在当下。这就好像两个人在昨天吵架了，在今天，他们仍然怒气相对——他们这时没有活在今天，而是活在昨天。活着的人，有活在过去的，有活在未来的，但能真正的活在当下，很少。

其实每一个人都应该知道，一个人，活在昨天不愉快的往事中，容易抑郁；活在明天，容易焦虑，而活在今天，活在当下，幸福感最强。所以当你开始踏踏实实地享受今天拥有的一切，而不是活在曾经的那段伤害中或为了维护目前这段关系煞费苦心，你就可以痛痛快快地爱一回了。

于是明白了，谁没有昨天、没有过痛苦或者开心的记忆？但是，昨天已经过去；谁不梦想未来、不为自己臆造一个理想的伊甸园？但是，明天未曾来到。今天，只有当下的今天才是最真实的！活在当下、活在今天你就会多些快乐。

学会活在当下，活在今天。不要管下一秒会发生什么，即使冰雹降临，那也是明天的事！学会选择健康的生活方式、理解生命的真实意义是对活在当下的最好诠释。

其实在这个世界上，有是许多事是万不能提前的，无论未来有怎样远大的梦想，活在当下、活在今天才是生命中最实在的态度。就像佛家所言："一切顺其自然。"

你规划今天的工作了吗？你筹备今天的开支了吗？你安排今天的时间了吗？你为今天这一天做好计划了吗？

活在当下，是一种生活的态度，如果不能活在当下，你就会失去当下，当现实与理想遥遥相隔时活在当下是你最好的选择。为将来计划是你好好珍惜目前拥有的一切的另一种方法。人生总有高度，不可认定目前"已是极限"，请用计划最大限度地激发生命的潜能。有计划才能更从容地活在当下！

当现实与理想相隔十万八千里，以致我们终究无法抵达时，那就用一种全身心投入人生的方式活在当下吧。此时，没有"过去"拖在你背后，也无"未来"拉着你往前赶，只有活在当下，才能好好地把握现实，才能靠近理想，生命才会更加灿烂。活在当下的含义来自禅，禅师知道什么是活在当下。

我们每个人的生活应该是简单的，当现实与理想遥遥相隔时，我们会感到未来的美好生活很渺茫，这样一来，就会备感生活的沉重。与其这样，不如看看你现在做什么事情，这时你会感到很自在，吸收很多东西，你也会觉得人生真的很充实，很精彩。

重视当下，就是重视将来

活在过去的人，一直沉浸在自己的回忆中，回想着那些美好，不去理会当下或将来是否美好；活在当下的人，不去计较过去失去什么，计算将来能得到什么，只做现在想做的事；活在将来的人，凡是都为将来考虑，为了将来，可以做自己不喜欢做的事情，可以把自己喜欢的一切放在一边。

无论是怎样生活，当下就是过去与将来的链接点。

而事实上，人能把握的也只有当下，谁也不知道明天会发生什么事情，命运是偶然与必然的结合。很多偶然的事情都会改变人的命运。

很多时候，当我们所处的状态不在当下时，我们都渴望着再次的能活在当下，活自己想活的，任性也好，糜烂也好。因此，为了活在当下，人们活在将来，也许，注定为将来而活，也许，明天，我们就活在当下。

活在当下。当下有你所有想要的东西，当下也是你唯一拥有的东西。时间只是一种幻象，越说越玄了！其实，只要这样想，就不难明白了。

你所能拥有的，不就是当下这一刻吗？只要搞定现在这一刻，你就没有问题了。

未来就算一定会来临，但是它也一定是以“当下”的方式出现的，不是吗？最怕的就是明明人在这里，可是思绪跑到过去了，带来了愤怒、伤心、悔恨、愧疚等情绪。或是人在此刻，脑子跑到未来，于是产生压力、焦虑、恐慌。

如果你觉得自己现在很不快乐，那么，可以肯定的是你不在现在。

你为何如此沮丧，究竟有什么事让你不快乐？因为未来！

有什么事使得你的未来看起来这么没有希望？因为过去！

每当你心情不好时，你便已脱离了当下，只要注意一下你心情恶劣的时候，你的心在哪里，你心要不是想着过去，就是跑到未来，否则你怎么可能不快乐呢？

活在当下，没有人会不快乐的。

但话又说回来，如果你过好了过去，其实也是另外一种‘活在当下’。你可以回想以前，然后陷入不快乐；你可以想着以后，然后陷入不快乐。可是在此时此刻，如果你在当下，你不可能是不快乐的。

活在当下，就要对自己当前的现状满意，要相信每一个时刻发生在你身上的事情都是最好的，要相信自己的生命正以最好的方式展开。

当下就是最有价值的，一年的复读生，一个月早产的母亲，一周周刊编辑，一个小时等待相聚的恋人，一分钟错过火车的旅人，一秒钟死里逃生的幸运儿，一毫秒错失金牌的运动员，时间的价值，当下的价值！

哲人常说：幸福的人生并不存在于未来，它是由许许多多瞬间所连成的线。所以，没有当下就没有将来。只要拥有了这刹那间的感觉，把无数这样的瞬间连成线，再铺成面，那就是幸福的一生。

第二章

换一种活法

平常心

在这个充满物欲的社会里，我们要面临的诱惑实在是太多太多。我们经常被周围人的建议和周围人发生的事情所左右，使自己的心浮躁起来，改变自己原有的想法，不能用自己的平常活出真实的自己。

失去了平常心，无论别人的看法是否适合，我们就会在周围人的看法中迷失自己的方向。我们要在诸多建议中，以一颗平常心对待这样，我们才能在诸多的建议中找到自己正确的位子，活出真实的自己。

平常心是一种“不以物喜，不以己悲”的心境，更是面对周围人和事时的“宠辱不惊，去留无意”的胸怀。平常心也是大师们所说“本来无一物，何处染尘埃”的超脱世外之物，活出真实自我的一种境界。它不是然人们消极遁世，相反，它是让人们用一种积极的心态，以平常心观不平常的事，这样则事事平常，无时不乐也无时无忧。平常心就是享受生活中的平凡和简单，把心态放平稳，不要被外界的动乱干扰，就是拥有一颗真正的平常心。

有个信徒问慧海禅师：“您是有名的禅师，可有什么与众不同的地方？”

慧海禅师答：“有。”

信徒问：“是什么呢？”

慧海禅师答：“我感觉饿的时候就吃饭，感觉疲倦的时候就睡觉。”

“这算什么与众不同的地方，每个人都是这样的，有什么区别呢？”

慧海禅师答：“当然是不一样的！”

“为什么不一样呢？”信徒又问。

慧海禅师说：“他们吃饭的时候总是想着别的事情，不专心吃饭；他们睡觉时也总是做梦，睡不安稳。而我吃饭就是吃饭，什么也不想；我睡觉的时候从来不做梦，所以睡得安稳。这就是我与众不同的地方。”

慧海禅师继续说道：“世人很难做到一心一用，他们在利害中穿梭，囿于浮华的宠辱，产生了‘种种思量’和‘千般妄想’。他们在生命的表层停留不前，这是他们生命中最大的障碍，他们因此而迷失了自己，丧失了‘平常心’。要知道，只有将心灵融入世界，用心去感受生命，才能活出真实的自己，找到生命的真谛。”

经常在报纸上看到类似的这样的报告：某某购买彩票中奖，然后挥霍无度或是染上毒瘾，最后破产，导致精神失常。原本一个好好的正常人，在得到了巨额金钱后，就失去了平常心。但他破产再次回到从前时，由于已经没有了以前生活时的平常心，使他精神出了问题。中奖本来是一件好事，那些中奖后还能保持平常心的人，会正确地看待这件事，用这笔钱做点儿自己想做的事，实现自己的而理想和抱负。

人们常常把聪明和成功联系在一起，但有时失败确实因为他们太聪明而不是太笨，就是人们常说的“聪明反被聪明误”。因为那些才智出众的人往往比一般人想得多，思想也会很复杂，心理对成功的欲望也会比一般人更加强烈，当受到一些名利的诱惑时，他们比一般人更容易失去平常心，他们往往把自己迷失在外在的诱惑中，失去了自我。其实，这些人都不是有大智慧的人，只是有些小聪明罢了。真正聪明的人是有着“真味以淡，至人如常”的处世智慧，知道平平淡淡才是福，拥有一个平常心，活出真实的自我的人。

用平常心活出真实的自己是对生命透彻的领悟。领悟了生命的真谛，你就会以一个宁静的心态善待一切，在自己富贵时不挥霍不奢侈，贫穷时能守得住寂寞，守得住节操；成功时不得意忘形，继续谦虚谨慎、勤奋努力，失败时不消极颓废，依然不屈不挠，奋发进取。用平常心活出真实的自己要求我们从生命的本质出发，用心呵护生命，悉心体验生活，不被他们的看法所影响。

生活还是我们自己的生活，唯有自己才是自己生命中的主宰，他人的言行只能是一种参考而不能左右我们，专注自己的生活，活出真实的自己，要知道，每个人都是这个世界上一朵迥异的奇葩。

向生活致敬

有时候，我们的眼睛会欺骗人，我们亲眼所见的东西并非真相。这个世界的障眼法太多，所谓的真相只有一个，而真相外的假相却是无数。如果我们对世界传递给我们的信息，或是我们眼睛所见的东西，不做任何思考和求证，不假思索的全盘接受，认定那便是真相，不仅会令我们对现实世界产生错误的印象，激发错误的感受，而且我们也很有可能受其误导。在这个纷繁复杂的世界里，或许只有小孩子，心思单纯的人或是智障者才会不假思索地相信自己眼睛所看到的所有东西。

魔术都是真的吗，非也。魔术的存在正是温柔地提醒我们：亲爱的人啊，有时候你的眼睛所看到的，并非事情的真相!

然而，人类大多时候都是笃信自己第一眼所看到的东西，认定那便是“真相”，而真正的真相却被隐藏在背后。

伊恩·麦克莱伦是个作家，他曾经讲过这样一次经历：有一天，他在走路时注意自己前面有一个人，用棍子试探着向前走，他一下就意识到这个人是一个盲人。

他看到这个人用手小心地摸着门，沿着街边的房子一间一间地走，然后走进一个院子，沿着台阶向上走。很显然，那就是他的家。

当他走到台阶顶部的时候，停了下来，转过身，优雅而又礼貌地扬了扬自己的帽檐。这个人使麦克莱伦非常惊讶，因为他所面对的方向一个人也没有，并且他还是个盲人。

“亲爱的朋友”，他轻轻地碰了一下这个人的胳膊说，“请原谅我的好奇，我知道你是个盲人，而且周围一个人也没有，你为什么还要扬一扬帽子呢？您是在向谁致敬呢？”

这位盲人的回答很简单：“我在向世界致敬。”这使麦克莱伦很惊讶，他还是第一次听到这种致敬的理由，自己以前甚至想都没想过，并且越想越感到可敬。

这是一种向生命的致敬，这是一种坦然接受的优雅，不仅仅是一种忍耐，更多的是一种感激。这一举动是一种哲学、一个宗教、一首诗、一个预言。

这使我想起了一首名为《照看这一天》的梵文诗。一位老船长一直把这首诗挂在自己的船舱墙上。当我问他这首诗的时候，他很害羞地回答说："是的，它一直挂在那里，因为这就是生命。生命的价值和意义、成长的祝福以及绚目的美丽，就在你的生活当中。"

"因为，昨天已经成了一场梦，明天仍然无法知晓。但是，我们所生活的今天会把每一个昨天变成快乐的梦想，把每一个明天变成一个希望的求知。"是的，确实如此。

盲目向世界的举动是一种祈祷、一种表示满足的致敬、一种对生活的美妙、美丽和美好的认同。这是一位谦谦君子简单的祈祷。

事实证明，对生活缺乏信心并且有阴暗心理的人，他们的结果也会像西顿麦地那公爵一样，充满了曲折、坎坷、失败与绝望。他们缺乏尝试一切的勇气，也缺乏敢于向失败挑战的勇气。

如果你坐在一列火车上，透过车窗看到远处青青的原野、灿烂的阳光，还可以看到列车厢扬起的尘土，听到车轮发出单调而嘈杂的声音。你看，生活充满着各种各样的事物，有美好的一面，也有肮脏的一面。生活是全面的，当你找寻快乐时，快乐就在你身旁；当你寻找烦恼时，烦恼就会萦绕你心间。

爱默生和梭罗有不同的人生观，这导致了他们生活的不同。爱默生精确地总结了自己的人生哲学："以乐观积极的心态来培养我们的信心和勇气。别总跟不好的事情过不去，我们还可以赞美那些美好的事物。"而他平和宁静的人生就映证明了这句话。

梭罗却是截然不同的另外一种人，他总是不断找寻并谴责那些邪恶的事物，虽然他的目标和爱默生一样高远，但他始终从反面抨击人性的弱点，所以总是陷于困境中，所达到的成就也不及爱默生的1/10。

的确，清除那些丑恶的东西是有必要的，因为那样能美化我们的环境，找到污染的源头，确保空气的纯净。然而这些行动只算是一种非目的的途径。这个目的的本身不应是否定而消极的，而应当是积极美好的。

不知你是否在高高的脚手架上走过，谁都知道，行走在那上面是不能向下看的，那会让你头晕目眩，并且有摔下来的危险。你应该向前看向前走，必要时要抓住架子上的结。生活就好比脚手架，经常向下看，你就有可能失去平衡，产生困惑，并且摔倒在地一蹶不振。如果你想事业有成、生活幸福快乐，那么就只能一直向前看向前走。

瓦特并不知道蒸汽能帮助人们实现很多构想，可他却发明了蒸汽机；富尔顿也不知道用轮子来推动船是一件愚蠢的事，可他却发明了汽船。

贝尔、爱迪生、莱特，他们并不认为努力去做那些看来不可能的事情很愚蠢可笑，所以他们总能勇往直前，最终获得成功。

史蒂文森曾这样高喊："哦，上帝。难道那些人真的头脑如此简单吗？以至于他们不知道自己在愚弄自己？"

无数伟人获得成功之后，都会发出同样的声音。难道这是世界在召唤愚蠢的人吗？不，那是呼吁人们不要胆怯，要相信自己，勇往直前。

换一种活法

我们自己的最大缺点和最大优点是什么？我想任何一个人都会对自己了如指掌。可是为什么人们还处于迷茫状态呢？只是我们还没有理解任何人都应该有一种抱负，那就是在生命中做一些独特的、带有个人特征的事情，从而使自己免于平庸和世俗，并使自己远离毫无目标、无精打采的生活。

人们常常有这样的感觉，整天忙忙碌碌，什么事情都还没干好，时间却不知不觉流走了。

对大多数人来说，工作和生活占据了一天的时间。现代生活又充满了各种诱惑，那么多信息要筛选，那么多产品在吸引着我们。“我们试图占有一切，而这往往把我们弄得筋疲力尽。”因此，简单生活对于大多数人来说难能可贵。

要简化我们的生活，就意味着我们要换一种活法，就意味着对那些令我们花费金钱、时间、精力的事情加以区分，然后采取步骤去摆脱它们。要简化生活，需要我们换一种活法，就意味着我们要对自己的内心有一个正确的认识。

1998年，是一些风险投资公司热衷于投资软件产业的白热化时期。在这样的背景下，许多软件企业都获得了投资，但是，在一些软件企业获得资金后，它们对资金的使用不同却产生了不同的效益。

美国某国际投资集团在1998年年底，就在北京对三家不同规模的软件企业进行了投资，根据它们所需的资金要求，在此国际投资集团决策者对它们的商务计划书进行分析后，它们均如愿以偿，分别获得了1000万元的投资。

两年后，按照投资协议规定，该投资集团对此三家公司进行了考核和评估，但出乎意料的是这三家公司却产生了不同的变化，第一家已经成为中国信息产业领域的十强之一，第二家虽然没有第一家强大，却也在中国软件领域的某一板块成为了龙头老大，第三家却业绩平平。

看到这里，该投资公司组建了一个考核小组，同时让这三家公司的负责人到香格里拉召开会议，当考核小组组长问他们是如何使用他们所投的资金时，他们却做出了不同的解释。

排列第一的企业负责人说，在他拿到1000万资金后，他开始按照当初制订的商业计划书运作，但是，后来他发现由于公司战略合理，资源共享适当，第一年公司就盈利了。但是，他们没有把盈利的钱存进银行，而是进入了电子商务领域，从而产生了巨大的盈利。

排列第二的企业负责人说，在他拿到1000万元资金后，他重新对公司的业务进行整合，他集中所有资源进入某一领域，结果由于资金充足，他们敢于上一些大的项目，虽然公司没有像第一位那样成为信息产业领域的领头羊，却也在软件领域的某一板块数一数二。

排列第三的企业负责人说，在他拿到1000万元资金后，他出于对1000万资金的安全性考虑，他按照当初提交的商业计划书运作，当整个行业、市场等发生变化时，他不敢对内部发动变革，他害怕遭受损失，尽管这两年来，公司没有得到发展，但是，他使投资人的资金安全得到了保证。

听到这里，考核小组组长问他："你是如何对我们所投的资金进行保障的呢？"

排列第三的企业负责人说，这两年来，他才花了500万元投资，还有500万元存放于银行。

考核小组听完这位负责人的话之后，没有做出任何评价，而是宣布休会15分钟。

15分钟过后，他们又集中在了会议室，这时，只听见考核小组组长说："现在我想对大家说，我想在座的各位都听说过这样一段话：这是一个赢家通吃的时代，富人享有更多资源——金钱、荣誉以及地位，穷人却变得一无所有。这就是对著名的"马太效应"的描述，"马太效应"告诉我们，贫者越贫，富者越富。当在座的各位听到这里，我想大家已经知道我们下一步将会采取什么行动了，现在，按照两年前我们的协议规定，我请我们公司的行政总裁宣布公司的决定。"

考核小组组长的话音一落，该投资公司的行政总裁就说道："在座的各位，这个社会的确是一个赢者通吃的社会，尤其是对我们投资公司来讲更是这样，我们讲究的是凡是有的，还要给他，使他富足；但凡没有的，连他所有的，也要把他夺去。所以，我宣布，现在我决定收回排列第三的所有投资，包括我们的1000万元的成本及两年来所获得的利益，全部划归排列第一的使用。出于对排列第三的生存考虑，如果该公司原有股东没有其他发展思路时，我们可以采取收购的方式，把公司原有资源让排列第一或第二的分别进行收购，或者整合。"

事实上，做人也是这样，如果我们渴望自己成为一个成功者，我们就会走向成功，如果我们甘于平庸，我们就会永远平庸，这就是说，一个人想成为什么样的人源自于他的内心。

如果在我们的内心深处始终拥有一颗充满力量的心，那么，我们就可以在强有力的自信心的驱策下，把自己提升到无限的高峰。

如果在我们的内心深处总是充满挫折、失败等阴影，那么，我们就会继续过着平淡、普通、痛苦的生活。因为我们的内心让我们对生活失去了信心，我们不能和生活抗争，不能和命运抗争。也许我们曾经试图这样做过，但大多数人都失败了。

正因为如此，有许多的人都没有意识到，当我们失败时，只要换一种活法，我们的生活就会充满力量。

扫清心中的阴霾

有人说："当你的心中装满了阴霾，你的世界也就会随之变得忧郁起来，处处变得暗淡无光；如果你摒弃怯懦，使自己内心充满光亮，那么，你脚下的路也会渐渐地明亮起来。"

有两个小兄弟，四五岁了，家里卧室的窗户常年密闭着，他们觉得屋内太阴暗，十分羡慕外面灿烂的阳光。于是，兄弟俩就商量说："我们可以一起把外面的阳光扫一点儿进来。"于是，兄弟两人拿着扫帚和畚箕，就到阳台上去扫阳光。等到他们把畚箕搬到房间里的时候，里面的阳光就没有了。这样一而再，再而三地扫了许多次，屋内还是一点儿阳光都没有。正在厨房忙碌的妈妈看见他们奇怪的举动，就问道："你们在做什么？"兄弟俩齐声回答说："房间太暗了，我们要扫点儿阳光进来。"听后，妈妈笑道："只要把窗户打开，阳光自然会进来，何必去扫呢？"

打开窗户，阳光不就进来了！同样，在生活中，打开我们心灵的封闭之门，成功的阳光也会照进我们的人生，将失败的阴暗驱散！

每天清晨，我们打开卧室的窗户，阳光就会进来，预示着新的一天的开始，这是我们日常生活中最平常不过的事情了，可是在我们心灵深处，我们是否紧紧关闭着心灵的窗户，无法享受到阳光的照耀呢？每个人的心灵中又有多少角落，充满着阴霾的瘴气，就好比常年不见阳光的古墓一样，那里往往被人们看作是死角，不愿去触碰，去翻阅，因为碰到它，就意味着失望、悔恨、焦虑等等的负面情绪，但是往往就是这些角落，成为我们人生前进道路上的绊脚石，我们无法绕过，甚至它还会魂牵梦萦般地缠绕我们，使我们无法摆脱。

每个人都想去解开这些心结，尝试着用无数的逻辑推理去证明其不存在或是错误的，又或是借助外部环境的力量去改变其状态，就好像这两个兄弟一样，不断地将外面的阳光扫进来，这样的努力都是事半功倍，甚至是徒劳无功的。其实，解铃还须系铃人，内心中形成的这些阴霾需要内心的改变来扫清，但是我们一般都不太愿意去做这样的尝试，那意味着要面对这一切，其实大可不必如此紧张，在这些只有我们自己知道的内心领域中，我们所要做的只是放松自己，轻轻地拨开一扇小窗户，让一缕阳光慢慢地流淌进来，渐渐地这片阴湿的沼泽地就会重新焕发活力，找回昔日的自信和希望。

一个小女孩趴在窗台上，看窗外的人正埋葬她心爱的小狗，不禁泪流满面，悲恸不已。她的外祖父见状，连忙引她到另一个窗口，让她欣赏他的玫瑰花园。果然，小女孩的心情顿时明朗。老人托起外孙女的下巴说："孩子，你开错了窗户。"

我们的生活有多扇窗，你打开失败旁边的窗户，你看到的也许就是希望！

人类意识的存在可以让我们明白是非，选择有利于我们的一面，但是我们所看到的画面直接作用于我们的潜意识的时候，我们的反应是当下和直观的，它绕开了我们的意识，没有经过思考和判断，如果这些画面是消极，失望的，就会使我们的内心陷入悲观。

小女孩看见了狗狗死亡被埋葬，于是悲伤的情绪笼罩心头，如果我们在前进的道路上看到的都是“坟墓”，那么我们就会失去前进的动力，失败也就离我们不远了。很多时候，生活中“坟墓”的存在是事实，我们无法改变，但是我们成熟的意识能力可以让我们做出选择，去看那让人赏心悦目的玫瑰花园，心情的开朗定会让我们感受到希望，重新燃起前进的动力。因此，当我们被失败的情绪困扰时，不要忘记我们身边的玫瑰花园。

生活是不可预测的，失败和挫折都在所难免，不幸的事情发生了，我们要做的不是沉浸在苦痛中不可自拔，或是刨根究底，像祥林嫂一样不断询问为什么这么糟糕的事情一定要发生在我的身上？这样做没有任何的意义，只会加重我们内心的苦痛。不幸发生了，我们要做的是把注意力集中在如何解决之道上，更好地跨过眼前的坎才是上策！

一位老祖父有着精巧的手艺，他用纸做了一条长龙给他的孙子，长龙腹腔的空隙不是很大，仅仅能容纳几只蝗虫。于是，小孙子捉来几只蝗虫投放进去，可它们却都在里面死了，没有一个幸免于难！孙子着急地跑去告诉祖父，祖父听了，缓缓说道：“蝗虫性子太急躁，除了挣扎，它们没想过用嘴巴去咬破长龙，也不知道一直向前可以从另一端爬出来。因而，尽管它有铁钳般的嘴壳和锯齿一般的大腿，也无济于事。”于是，祖父跟小男孩说：“去捉几条青虫来！”小孙子跑出去一会儿的工夫捧着几条大小差不多的小虫进来，祖父把青虫从龙头放进去，然后关上龙头，小孙子眼睛一动不动地看着，这时候，奇迹出现了：仅仅几分钟，小青虫们就一一地从龙尾爬了出来。

很多时候，我们无法走出内心的阴霾，并非是生活对我们的打击过于重大，或是个人的力量太过渺小，而是我们自己把自己困在其中，不肯出来。我们的命运一直掌握在我们自己的手中，就像故事中的青虫，只要将阴霾的纸龙咬破，慢慢地找准一个方向，昂起头，一步步地向前，洞口就在前方，阳光就会出现在我们的面前！

生活难免会有挫折，生活中我们难免会犯错，不管怎样的挫折造成了多大的失败，不管自己怎样的错误造成了如何的损失，我们都应该将心中的阴霾扫落，开始重新的生活！不要让人类精神后院的污秽、黑暗和罪恶的阴霾将自己笼罩，让自己内心一时对生活的顺应不良，激活那埋藏在我们潜意识深层的阴影。要知道，犯错在所难免，我们要懂得和自己的内心和解。生活中，一件事情对我们的影响如何，关键在于我们自己的心态，自己是如何看待和评价它的。如果你觉得它不重要，它不能将你打败，那么，它就真的不那么重要，而你，也将从失败的阴霾中走出来，露出阳光般的笑脸，获得快乐的心境！著名思想家迪斯累里不是说过："重要的事情并非重要到不能再重要；不重要的事情也并非就像看上去那么不重要。"没错，所有外在的一切都在于我们的内心。

扫清内心的阴霾，让阳光照射进来，这个世界上，除了你自己，没有人能够让你失望！

以高贵的姿态生活

现在的人们经常问：生命是为了什么？生命当然是为了生活。但是，如果我们不了解生命的全部或者生命的结局就拒绝生活，那么，我们也就无法生活了。

生命是最重要的，随后则是哲学。我们必须以一种虔诚的态度去生活，否则生不如死。哲学是冰，信仰是冰。当我们展开生命的画卷时，心灵上会得到一份温暖，一份惊奇。

死了之后就“一了百了”了吗，抑或死亡仅仅是心灵归巢时的一次叹息？如果这样说，我们又选错了开始的地方。我们所要做的是以一种高贵的态度去生活，并且相信生活会对我们的期盼给出一个圆满的答案。

理查德·戴维斯写过一则故事，叫作《永不失败的他》。故事的主人公很喜欢赛马，并对赛马的历史进行了仔细地研究，并细心地分析过一些马的参赛记录。每次比赛的前一天，他都会安静地躺在椅子上，想一想明天的比赛。然后，便安心地睡觉去了。这时，他的潜意识就会促使他不断地去思考将要面临的任务，并在恰当的时候把精确的结果告诉他。

这是一则虚构的故事，但如果赛马的结果都是由马的力量决定的话，那么这是能够实现的。由于他事先已经有了详细的了解，所以即使他睡着了，他的潜意识也会把结果精确地推算出来。只不过，赛马通常还要受其他因素的影响。

戴维斯的这个故事所要表达的哲理是完全正确的。要想让我们的潜意识发挥作用，并能体现出高贵的生活态度，我们就得做到以下几点：

首先，弄清楚你需要什么样的生活，然后尽可能地去寻找有关生活的信息，它们会对你会有很大的帮助。

其次，找一个合适的地点，彻底地放松自己。你可以舒服地躺在躺椅上，也可以躺在床上。这样，在你思考的时候，你就能忘记身体的存在。

然后，花一点儿时间想一下你要解决的问题，但是不要有什么顾虑和苦恼。然后把问题交给能主导你生活态度的某个器官，告诉它们：“你知道一切问题的答案，帮我解决好这个问题。”

接下来，你就可以完全放松了，美美地睡一觉，或者让自己处于半睡半醒的状态。总之，避免过多的外在因素干扰潜意识的工作。

当你醒来时，你就会看到完美的解决途径。

弗朗克·克雷茵说：“世界上最聪明的人就是内心世界的那个你。每个人的内在世界都有那样一个人。我们可以充分地信任它，让它来帮我们处理那些棘手的问题。”

“他比我所听过的任何人都聪明。他的智慧无人能及。如果我不小心在手指上划了一道伤口，他会马上派遣白细胞来杀死那些使伤口感染的细菌。我们的健康得以维持，完全是他的功劳。”

“我弹钢琴的时候，只是委托我的潜意识来做这件事；也就是说，我把这工作交给了内在的那个自己。”

“我们的幸福及苦难，都来自于内在的自己。如果我们用恰当的方式来训练他，那么他就会变成我们忠实的仆人，帮助我们克服任何困惑。”

循序渐进

从本质上讲，我们都是索取者，总是想要得到自己要想的东西。我们想要得到某种东西，去某个地方，并且立即就得到，却忘记一首诗所说的“事物都必然有一个渐进的过程”。

生命是“一首舒缓的歌”，一位古代的圣者这样说道。生命就是一把梯子，我们必须一阶一阶，慢慢地往上爬。可是，我们却总是希望能够三两下就爬上去，甚至想一跃登顶。

所有的伟大导师都告诉我们，如果我们了解生活的真谛，我们就必须一天一天地生活，一段一段地走，一步一步地前行，用耐心去应对事物，如果我们不能承担全部重负，就让我们卸下一半好了。

在很久以前，我曾经向守护年关的那个人请求：“请给我光亮，以照亮我通向未来的道路，能安全地行走。”他回答说：“你放心地走自己的路吧，你已经被托付给上帝，这比明亮、安全、已知的路还要好。”

上帝这样对你承诺了，无论你想从生活中得到什么，你都可以得到它。他告诉我们：“你首先要寻求天国和正义，这样，所有的东西，包括财富和其他你想得到的东西，都将归你所有。”

这难道意味着你必须变为圣洁的人，才能聚敛物质财富吗？经验证明，这条路是很难走通的，圣洁是不会为俗物所累的。那么，耶稣的话是什么意思呢？

还是让我们看看“正义”二字，从里面去寻找答案吧。“正义”在古希腊《福音》中的意思是：在你的内心深处占有绝对领导地位的精神。

《联合周报》有篇文章很好地阐释了这句话：“举例来说，假如我们正在制订一个商业投资计划，或者社会活动、或宗教会议，一切都准备好了，要开始祷告了。现在，我们不要把祷告寄托于未来或是明天，而要想象着每一件事情都已经照我们所希望的那样发生了。我们把它们记下来，就好像这件事已经过去了一样。《圣经》的许多预言都是用过去时态讲述的，我们也把自己的愿望用过去时态写出来。”

“当然，我们还要记下一个感谢上帝的祷文，我们要一直感谢他，否则，我们什么也得不到。”

“现在，我们来看看结果吧。在我们用过去时写下愿望，并仔细阅读，向上帝表达感激之情后，我们把纸保存起来，然后做我们该做的事情。不久之后，我们想要的结果就会出现，这就是上帝对我们祷告的回应。”

对即将受益的收获，预先向主感恩，这个习惯是有着坚实的基础的。它可以被看做是成功祷告的固定模式。

英国神学家威廉·劳写道：“如果有人告诉你一条通往幸福的最可靠的途径，那么他一定会说：为你自己制定一条规则，也就是为你的每一件事感谢上帝，这就是最可靠的途径。不论在你身上发生了什么，即使它看起来像一场灾难，但如果你心怀感恩，那么你也会化险为夷，甚至因祸得福。因此，如果你创造了奇迹，那么，除了表达你的诚挚的感激之外，什么也不需要做。”

因此，不要为任何事情而丧失信心，也不要因为贫穷、缺乏教育，或者失败过而停下前进的脚步。只要相信自己，你就会所向无敌，因为信念是一股势不可当的力量。如果你以前没有利用它也没有关系，现在补救也不迟，你可以马上开始。

林肯在第一次参加战争时做了陆军上尉，战争结束后却成为了一个列兵。他卖掉了赖以生存的测量器材，用以偿还债务。第一次州会选举，第一次国会议员选举，申请国土办公室委员，国会参议员选举，1856年竞选副总统提名，所有这些选举，他都失败了。但是在如此多次地失败之后，他并没有气馁，而是始终怀着坚定的信念，最后成为美国历史上最伟大的总统之一。

美国内战时期的著名将领格兰特将军，在部队里没能得到晋升，在当农夫、做商人时，他都失败了。他39岁时，仍然以伐木为生，过着食不果腹、衣不蔽体的生活。然而，九年后，他成了美国总统，作为将军，他在美国历史上的名气仅次于华盛顿。

纵观历史，你会发现许多成功人士的一生都在与困难作斗争，在别人都选择放弃的时候，他们却仍然坚持必胜的信念。拿破仑、克伦威尔、帕特里克·享利、保罗·琼斯……

这些人，仅仅是成千上万人中的几个。

恺撒被派去征服高卢之前，他的朋友们发现他异常悲观，便问他怎么了。他告诉朋友，在他这个年龄，亚历山大已经征服了整个世界。他反思自己，跟亚历山大相比，自己做了些什么？为了弥补已经逝去的时光，恺撒立即下定决心，要征服高卢。就这样，他从悲观失望中振作了起来。最后，他成了罗马帝国的皇帝。

在商业发展史上，更有许多成功的人士，他们人到中年仍然一事无成，可到最后，却积聚了无穷的财富，创建了庞大的事业。

只要你对上帝、对自己、对事情的发展充满信心，保持信念，你也就会和他们一样。

本·迈蒙拉比写过“慈善的八个阶段”，向我们展示了伟大的天赋如何成长，如何摆脱以自我为中心，如何由被动变主动，然后达到最后一个阶段。

但丁也向我们展示了达到纯洁之门的三个步骤。第一步坚硬、平滑、像镜子一样；第二步漆黑而又破旧；第三步则像血一样红——真诚、悔悟和爱。

伯纳德也以同样的方式告诉了我们“谦逊的12个阶

段”，他在其中描绘了通往真理的脚步：以谦逊来发现自身的真理；用爱来发现他人身上的真理；最后，趔会明白无误地展现在人们面前。

基于同样的目的，沃尔特·希尔顿写作了《完美的梯子》，他在书中教了我们很多明智的事情。我们所有人都跟随伟大的导师，由叶，而干，而果实。

一位批评家这样评价一位作家：“他在成熟之前就已经散发着成熟的味道了。”这说明他缺乏耐心，没有给予自己充分的时间，让自己的天赋逐渐成熟。他仿佛利用温室让自己的天赋快速成长，却在自己成熟之前就已经凋零了。

有人说，一旦时机成熟，真理是无法阻挡的，但是，我们必须等待时机的到来，为之做出努力。我们也必须知道把失败摆在生命中的哪个位置。如果我们学会循序渐进地生活，在每一个阶段做自己该做的事情，在心灵的阶梯上一步一个脚印，那么，我们的生活就会没有悲伤。

给生活以色彩与光明

眼睛是心灵的窗户。可是透过这扇窗户我们的所见并非全部事实。如果我们的心灵不加分析和判断就妄下结论，就会被表面现象所误导，做出错误的行为，或是令我们悔恨终生的决定。

你看过日落吧。但是我们知道太阳是不会“落”的，我们之所以看到日落是因为地球本身的转动使得我们的视角发生了变化，使太阳在地平线上逐渐从我们的视野中消失。我们所看到的太阳西落是对外部事件的知觉重组。知觉是直接作用于感觉器官的客观物体在人脑中的反映，它包含着感知者的需要、期望、价值观和信念等主观成分。我们在经验中获得的大多数概念也是如此。

我们个体常常就像那井底的青蛙一样，只看到井口上面的天空，如若有人告诉你，嗨，井底蛙，外面的天大着呢！那你一定也会以为那人疯了或是有病！

“无疑，你的痛苦使你的整个生活变得更加有色彩”，一个考虑不周的造访者对一个无助的瘸子说。“是的，确实如此。但是，我选择色彩设计”，这位瘸子乐观而又智慧地回答道。

我们每个人都想过一种乐观而又色彩丰富的生活，把各种色彩都加入自己的生活当中，诸如爱、友谊、家庭、自然、有趣的工作、健康的娱乐、冒险以及希望。

这些东西当然都很好，但是，我们不应该把自己的生活寄托在这样一个名单上。一个人可能拥有所有可以使生活变得丰富的各种色彩，可是他的内心却非常阴暗与痛苦。

实际上，那些永久的光环，也就是那些外在的色彩，可能会对那些不拥有这些东西的人造成伤害。我们的快乐与高兴似乎表现出了一种对他人的漠视。

很多情况下，这些光环很容易就变得暗淡，因为外在的东西虽然能够给我们快乐，但是不管它多么丰富，它们所给我们的快乐只是暂时的，不能赋予我们永久的幸福。

我们没有必要告诉大家，每一天都有不同的过去。也没有必要告诉大家，离别、死亡，甚至比死亡更可怕的东西会大大降低生活的色彩，使我们的整个世界变得单调而又乏味。

我们似乎已经抓到了一束宇宙之光，这是一道来自天堂的光束。我们要抓住这道光束，给我们的生活以色彩与光明，否则我们的生活就会变得绝望而又无助！

如果我们曾经快乐过，那是因为我们内在的一些东西，我们内在的思想和心灵为我们的生活创造出了色彩，设计出了色彩方案。

“生活，像一个多彩的玻璃穹顶，玷污了永恒的白色光环”，雪莱在他的一首著名的诗中这样写道。

色彩是美丽的，我们有权利、也可以自由地去欣赏它们，但是正如一位朋友前几天在信中对我说的那样，我们应该开一扇平凡的小窗户，让那道“白色的光”照射进来。

世界上每个人看待事情的视角都是不同的，如果你从另一个角度去诠释同一件事情，你会发现事情全然不是你当初所看到的样子。世界并非你所见，然而多半是更加美好的。

一个人看的书多了，看待事物的视角广了，我们心灵的眼光就会不断提高！

认识自己

如果你把自己全部伪装起来，不知道自己到底能做些什么事情；如果你觉得无聊，仅仅因为生命不适合你或者不能满足你的奇怪思想。那真是太差了。

“人，认识你自己！”这是一句刻在古希腊特而斐神庙中阿波罗神的神喻。它主要是告诉我们，我们无论做什么事情都要率先认识自己，然后才能激发我们一往无前的勇气和争创一流的精神。为此，一位哲人说：“无论做什么事情，我们只有认识自己，只要对自己的要求高些，我们才能知道自己真正要什么。”

于是我们用尽一生的时间来认识自己，了解自己。

为了认识自己，我们的古人发明了镜子。首先是在平静的水面上，看到了自己的倒影，然后不久，又诞生了青铜镜，再后又出现了铜镜、玻璃镜。一直到科学技术高度发达的今天，又出现了照相机、摄影机等。我们甚至可以把自己的影像长久的保存。

但是，无论我们多么努力，能看到的只是我们的外部形体。我们的内心世界是我们用任何先进仪器都探测不到的。于是，认识自己，几乎就成了困扰人类的一个永恒的问题。

人类用自己的智慧在推动着历史的车轮滚滚前进。世间万物，从地球到太空，从生物到非生物，从虚拟到现实，我们都取得了引以为傲的光辉业绩，揭开了它们头上的神秘面纱，让它们更加清晰地呈现在我们眼前。

而对于我们自己，尽管我们已经孜孜不倦地研究了上千年，但仍是一头雾水。一个人，不管他多有聪明，他有多智慧，他在自己的领域里做出了多大的贡献，但是你若问他是否真正地了解自己，他肯定会给你否定的答案。“不识庐山真面目，只缘身在此山中。”或许正是因为我们离自己太近，所以才无法看清自己。在这种情况下，我们在遭遇挫折时，就要时常照照镜子，重新认识自已。

有一次，从事个性分析的美国专家罗伯特·菲利浦在他的办公室里接待了一个因自己开办的企业倒闭、负债累累、离开妻女到处流浪的流浪者。

那人进门打招呼说："我来这儿，是想见见这本书的作者。"说着，他从口袋中拿出一本名为《自信心》的书，那是罗伯特许多年前写的。流浪者继续说："一定是命运之神在昨天下午把这本书放入我的口袋中的，因为我当时决定跳到密西根湖，了此残生。我已经看破一切，认为一切已经绝望，所有的人（包括上帝在内）已经抛弃了我，但还好，我看到了这本书，使我产生新的看法，为我带来了勇气及希望，并支持我度过昨天晚上。我已下定决心，只要我能见到这本书的作者，他一定能协助我再度站起来。现在，我来了，我想知道你能替我这样的人做些什么。"

在那位流浪者说这些话的时候，罗伯特从头到脚打量着他。罗伯特发现这位流浪者茫然的眼神、沮丧的皱纹、乱糟糟的胡须以及紧张的神态，完全的向罗伯特显示，他已经无可救药了，但罗伯特不忍心对他这样说。因此，罗伯特请流浪者坐下来，要他把他的故事完完整整地说出来。

在罗伯特听完浪浪者的叙述后，他想了想说：“虽然我没办法帮助你，但如果你愿意的话，我可以介绍你去见本大楼的一个人，他可以帮助你赚回你所损失的钱，并且协助你东山再起。”罗伯特刚说完，那位流浪者立刻跳了起来，抓住罗伯特的手说：“看在上帝的分儿上，请带我去见这个人。”

他会为了“上帝的分儿上”而作此要求，显示他心中仍然存在着一丝希望。所以，罗伯特拉着他的手，引导他来到从事个性分析的心理试验室里，和他一起站在一块看来像是挂在门口的窗帘之前。罗伯特把窗帘布拉开，露出一面高大的镜子，他可以从镜子里看到他的全身。罗伯特指着镜子说：“你就是这个人。在这个世界上，只有一个人能够使你东山再起，除非你坐下来，彻底认识这个人——当作你从前并未认识他——否则，你只能跳密西根湖里，因为在你对这个人作充分的认识之前，对于你自己或这个世界来说，你都将是一个没有任何价值的废物。”

他朝着镜子走了几步，用手摸摸他长满胡须的脸，对着镜子里的人从头到脚打量了几分钟，然后后退几步，低下头，开始哭泣起来。一会儿后，罗伯特领他走出电梯间，送他离去。

过了一段时间，罗伯特偶然在大街上碰到了这个人，而他不再是一个流浪汉的形象，他西装革履，步伐轻快有力，头抬得高高的，原来那种衰老、颓废、紧张的姿态已经消失不见。他说，他感谢罗伯特先生让他找回了自己，很快地找到了工作。

后来，曾经是流浪汉的他东山再起，成为芝加哥的富翁。

所以，我们只有正确估量自己，才能找到走出失败的方法。一个人生活在某种环境之中，经常要使自己能够和环境相适应。这时他对自身的了解是十分重要的。

能否正确地认识自我、面对自我的本来面目，能否勇敢地接受现实、接受自我，是一个人心理是否健康、成熟，能否超越自我、突破自我的重要因素。我们经常发现这样一种人，由于他对自身的某方面不满意，从而拒绝认识自己，不承认或不接受自己的真正面目，非得伪装出另一个假象来。有人不愿意承认自己能力的限度，盲目地去从事力所不能的事情。有人出身贫贱，却极力想挤入权贵的行列。有人把真正的自我掩藏在伪装之中，希望在别人眼中建立另外一个自我形象，他们缺乏接受自我的勇气，不能容纳自己。不能容纳自己的人，可能会离群独居不和别人交往，或者自暴自弃不在进取，或者对别人采取不友好的敌视态度。

如果你过多地以自我为中心，对这个世界充满怨恨，仅仅因为它不听从你的命令；或者你无法享受生活，仅仅因为它没有给予你足够的财富，你就对自己自暴自弃，那是人们不能容忍的。

生活的真谛

五光十色的世界，花天酒地的生活，无穷无尽的欲望，让我们成为了生活和欲望的奴隶，而跪拜在金钱的脚下，为其所累。正所谓“迷己逐物”。正像《楞严经》里所说的那样：“一切众生，从无始劫来，迷己逐物，失于本心，为物所转。”

我们的心总是不断向外攀缘，却忽视了我们内在的心灵。在科技爆炸的当今社会，科技的迅速发展更是挑起了人们的欲望，加重了人们对物质的依赖，人们的心也变得越来越空洞和迷茫。

追求物质生活本无可厚非，但是过分执着，欲望的过分膨胀，就会让人迷失自我，找不到生活的方向。不管社会如何发展，我们首要的任务，还是要保持自我，做好自我，这样才不至于在社会的大风大浪中丢失自己，才不至于像一只小丑，被他人所摆布。

唐代禅宗六祖慧能大师曾说：“一切的福田，离不开自己的心。”做自己，就要从心灵改革开始，沿着心的方向，前行，前行，找到内心深处的那个迷失了的自己。

吃饭、喝水、睡觉、赚钱以及工作，这些都不是生活。追寻那些已经远去的东西，追求心灵以外的东西，以及追求那些人生的所谓快乐与刺激，这些都不是生活。

理解妻子、孩子和朋友的家，以及与他们共同生活；学会给予、学会宽恕、学会忘记，不要让自己的心灵沾上过去的污点；唤醒自己的和他人深藏于心中的家；环顾左右，帮助那些需要帮助的人；相信事物的高尚和崇高的爱，这才是生活。

忘记悲伤与痛苦，感受快乐与幸福；滋润干涸心灵的眼泪；带我们回到童年的音乐；把未来带到眼前的祈祷；让我们沉思的谜团；让我们惊讶，并且以其神秘征服我们的痛苦；我们为之奋斗的困难；起初的焦虑最终变成信任，这才是生活。

追寻知识、真理、美丽以及仁慈与善良；做事要做到最好，识人要看其优点，充满希望，改正缺点与不足；与我们周围的人共同编织生活中的快乐，关心他们的喜怒哀乐，这才是生活。

挺起胸膛，无畏地在这个世界生活，追求真、善、美；在善良的河流中注入属于自己的一滴水；手拿对付邪恶的利剑，胸怀善良的心灵，帮助他人，给这个世界留下一些能够永生的东西，这才是生活。

在当前社会，很多人正在偏离做自己的道路，他外在的言行和内在的心灵正在离得越来越远。有人问，本来一个单纯的人儿如何会变得如此圆滑世故呢？没错，我们曾经年轻过，曾经单纯过，曾经心高气傲，也曾固执地认为世界应该是美好的……然而，在社会的大染缸里，我们一再受挫，失败，再受挫，再失败，在社会的种种游戏法则面前，我们不断和真实的自我进行较量，在不断地挣扎和纠结中，我们屈服了，投降了，我们了解了这个社会的秉性，我们学着和这个社会的游戏法则握手言和，我们甚至变成了这些法则的忠实执行者。而曾经那个真实的，本性的自己呢？被慢慢地丢弃在一个角落，直至再不被发现。于是，自己变得越来越社会化，越来越偏离本性的自己，没了菱角，没了性格，也越来越难找到快乐。

《礼记·中庸》有言：“诚之者，择善而固执之者也。”意思是说，一个对自己保持忠诚的人，会坚持自己认为对的东西。他不会被教条所限制，也不会活在别人的观念里，更不会被别人的意见左右。

我们的生活中，有太多的上帝，有太多的判官，告诉我们应该成为什么。从小老师就告诉我们要学习什么，父母就告诉我们如何做人，他们为我们设定了远大的理想和目标，为我们设想了美好的职业和未来。

诚然，在现代社会，做自己是非常不容易的，他需要勇敢地去征服外在的环境，他人的目光，很高的权势。但我们不应该有困难就放弃，在困难面前要不断地一次又一次地做回自己，夺回自己想要的幸福和快乐。

你不必成为他人，你只要做好自己。只有你做自己的时候，你才会发现自己是最幸福、最开心、最有爆发力的那个人，你才能毫无限制地发挥出自己的潜力。不用为了迎合他人的需要而生活，不要随大流，也不要按照他人为你设定好的道路前行，你只要做你自己，成为你自己，你就会是最棒的！

心灵是我们最安定的港湾，我们应该多多看向自己的内心，回到自己心灵的港湾，聆听它的呼唤。一旦你认识了自己的心灵，做回了自己，你会发现，自己有着无穷的能量，你是安定的，开心的，不被外物所移，也不以物喜，不以己悲，你以独立的姿态伫立在自我的生命长河里。

不必成为他人，只要做你自己，越早明白这个真理，坚持做自己，用心聆听自己内心深处的声音，你才能把握机会，越早走向正确的道路，走向富有和幸福。否则，在不是自我的道路上走得太久，你就产生了身心的依赖，很可能就依照惯性一路走下去，直到生命的终结；即使你中途发现自己错了，对前方的路产生怀疑，你决定重新选择，做出改变，但考虑到前方的困难，以及在非自己的道路上所付出的努力，你也很可能不会真正付出行动去改变自己！

忽然想到了瑞典厄兰岛上那位平凡的女诗人——安娜·吕德斯泰德的精美诗句："夜里你是在何处飞翔？/你的翅膀散发茶水蒸发的芬芳，我的灵魂/我的舌头品尝柠檬的香味/但你的气味依然黯淡，我的灵魂/我当然看见在欧洲的那些人/坐在桌边的男男女女/我也生来只为/而且长大只为/在世上做安娜。”

亲爱的人，你有像安娜这般生活吗？希望你是“我也生来只为/而且长大只为/在世上做自己”。

第三章 快乐

快乐地生活

快乐既然是一种心境，我们有权决定自己高兴不高兴，快乐不快乐。只要我们不受外界因素的迷惑，快乐事实上在我们自己的手中。

47岁的美国人南希，在众人的眼中是一个成功的职业女性。她独立、能干，有私人小汽车，在郊区还有一套不错的大房子，经常有机会出入一些重要聚会。有很多人都羡慕南希，可是她却有许多别人不知道的烦恼。南希说："虽然我的一些成就让人刮目相看，我却想不透大家夸赞我什么。我这一辈子都在努力成就这样或那样的事，可是现在我却怀疑‘成就’是指什么了。我永远在压力下工作，没有时间结交真正的朋友。就算我有时间，我也不知道该如何结识朋友了。我一直在用工作来逃避必须解决的个人问题，所以我一个任务接一个任务地去完成，不给自己时间去想一想我为什么要工作。假如时间可以退回去10年，我会早一些放慢脚步考虑一下，学会用心地去生活，那就不会像现在这样感觉匮乏了。”

过一种简单的生活，这是一种全新的生活艺术和哲学。它首先是要外部生活环境的简单化，因为当你不需要为外在的生活花费更多的时间和精力的时候，才能为你的内在生活提供更大的空间与平静。其次是内在生活的调整和简单化，这时候的你就可以更加深层地认识自我的本质，现代医学已经证明，人的身体和精神是紧密联系在一起的，当人的身体被调整到最佳状态时，人的精神才有可能进入轻松时刻；而当人的身体和精神进入佳境时，人的灵魂，和生命力才能更加旺盛，然后才能达到更上一层楼的境界。

你是否体验了刚刚从身边溜走的生活？你是否真正明白自己现在的感受？你的时间为什么总是很紧张？有没有更

简单一些的生活方式？也许你早已经习惯了都市快节奏的生活，你不必离开它，更不必让生活后退，你只需要换一个视角，换一种态度，改变那些需要改变的、繁杂的、无真实意义的生活，然后全身心地投入到自己的生活中。无论你是在城市还是在乡村，无论你是贫穷还是富有，无论你是在美国还在中国，你都可以享受到生活的酸甜苦辣，都可以感受蓝天、空气、阳光和大自然的魅力，都可以追求人与人之间的亲情、爱情和友谊，进而营造快乐的生活氛围。

很多人习惯于从别人的肯定中获得快乐，而很少有从别人的否定中肯定自我，这其实是一种前进之道，也可以找回真实的自己，而那些习惯于别人肯定的人，常因别人附和他的喜好，而使自己迷失。

成熟有智慧的人不必乞求别人使他快乐。他把快乐的钥匙紧攥在自己的手里，永远掌握着自己的快乐。他们还是快乐的传播者，能把快乐带给别人。但我们大多数人却常常在不经意中把快乐的钥匙交付别人保管。

一位长期待字闺中的女人说："我过得很失落，属于我的郎君在哪里？"她把快乐的钥匙放在未来的郎君手里。一位失恋的小伙子说："我过得很烦恼，我怎么才能打动她的心？”他把快乐的钥匙放在恋人的手里。一位官员说：“我过得很郁闷，什么时候我的官职再升三级？”官员把快乐的钥匙放在上级手上。一位自卑的人说：“我过得不快乐，周围的人都看不起我。”自卑者把快乐的钥匙放在周围人的手中。

像这样的事例举不胜举，但有一点我们需要加以说明的是，生活中的这些人都犯了同一个错误：让别人来控制他的快乐。生活中是有很多人无法掌控自己的快乐的，他们可怜到任人摆布，而这种人也往往不会讨人喜欢。

其实，生活对我们来说，好像一面镜子，你对它哭，它就哭；你对它笑，它就笑。这表明乐观的生活态度也可以使人快乐。我们不要因为外在的环境而影响我们的快乐，哪怕是不幸的遭遇，最重要的是我们要扬起生活的风帆，坦然地面对和前进。

“人没有痛苦便只有卑微的幸福”

痛苦和挫折是我们人生的一部分，我们无法要求生活总是风和日丽，风平浪静，只有认清这一事实，我们才能更好地从生活的苦痛中走出来，发现生命的意义，走向生命的全新旅程。

尼采说：“人没有了痛苦便只有卑微的幸福！”生活如果没有痛苦陪伴，生命也将变得平庸。生命的旅程不仅仅是一马平川，还有坎坷，有挫折，这才是真实的生命状态。

生活中，面对痛苦，面对苦难，人们常常无法接受，抱怨生活带给他的痛苦，幻想生活总是能一帆风顺，恨不得将痛苦马上一脚踢开，好快快地奔向快乐。我们总是竭尽全力地避开痛苦的洪流，即使万一没有避开，也要蒙头横冲直撞过去。

我们需要明白，痛苦和快乐是一对孪生兄弟，他们总是成双成对地出现。所以，不要总是逃避痛苦，痛苦和快乐一样，都是人生的必然，经历痛苦，才能享受甘甜。

一天，一只蚌对另一只蚌说："我痛苦极了，有一个圆圆的重重的东西在我体内。"另一只蚌听了，对他努努嘴，炫耀地说道："瞧我多么健全，我的体内什么也没有，一点儿也不痛苦。"一只螃蟹在旁边正好听到了他们的对话，螃蟹对那只健全的蚌说："你同伴痛苦，是因为它的体内有一颗珍贵无比的珍珠。你是没有痛苦，但最终你却什么也不会得到。"

痛苦和快乐是相辅相成的，经历了痛苦的煎熬，才能获得成功的令人快乐和幸福的果实，没有痛苦的快乐，必定是短暂而飘渺的。

苦尽甘来，乐极生悲，痛苦与快乐就像一对生死冤家，势不两立；又像双胞胎兄弟般亲密得形影不离。生活中，正是因为经历了让人刻骨铭心的苦楚，所以快乐和幸福才会显得那么弥足珍贵！生活就是一张大网，这网中离不开快乐，更离不开痛苦。

人生不可能拥有永恒的快乐，所有痛苦、悲伤都是生命中不可缺少的一部分。所有痛苦和悲伤都有着他们存在的意义。在你兴奋至极，不知天南地北的时候，痛苦出来适时提醒你一下；在你痛苦、难过无法自持的时候，快乐又来将你滋润，生活就是痛苦和快乐的交织。

心理学家荣格曾经说过："有多少个白天，就有多少个黑夜，一年之中，黑夜与白天所占的时间一样长。没有黑暗就显不出欢乐时刻的光明；失去了悲伤，快乐也就无法存在了。"

可是，现实生活中，人们总是不明白这个道理。他们追求快乐，追求幸福，却不愿意面对痛苦，在痛快前面消沉，抱怨，堕落，甚至失去生活的勇气！

我们应该知道，没有什么是永恒的，痛苦和快乐也是如此。一味地沉迷于快乐中，会让我们迷失自我；而陷于痛苦中不可自拔，也只会让我们失去生活的方向！没有永远的痛苦，也没有永远的快乐，这才是一个智者的生存态度，认识到一点，我们才会在生活的路途中更加坦然地面对一切，活出自己的人生！

有一群弟子即将去朝圣，师父拿出一个苦瓜，对弟子们说："你们要随身带着这个苦瓜，记得把它浸泡在你们经过的每一条圣河，并且把它带进你们所朝拜的圣殿，放在供桌上供养，并朝拜它。弟子朝圣走过许多圣河圣殿，并依照师父的教言去做。回来以后，他们把苦瓜交给师父，师父让他们把苦瓜煮熟，当做晚餐。晚餐的时候，师父吃了一口，然后语重心长地说道："奇怪啊！泡过这么多圣水，进过这么多圣殿，这苦瓜竟然没有变甜。"弟子听了立刻开悟了。

多么美妙动人的教化！苦瓜的本质是苦的，苦是它的真相，这一点并不会因圣水圣殿而改变；人生是苦的，修行是苦的，我们因情爱产生的生命本质也是苦的，这一点即使是圣人也不能改变的，何况是凡夫俗子。面对一件事情，我们的感受是痛苦还是快乐，完全在于我们的内心。达摩面壁，凡人都觉得他是在痛苦修行，而又有谁知道，达摩祖师修行中身体所承受的痛苦早已经完全化为心灵上的快乐，所以说，达摩祖师是丝毫没有感觉痛苦的。

对待我们的生命也是这样，我们应该做好吃苦的准备，不要总是期待生活的痛苦能够立马过去，马上变为甘甜的快乐和幸福，立足当下，面对痛苦，接纳痛苦，我们唯有真正认识苦的滋味，才能更好地发现生活的真相，更好地从痛苦中解脱出来。

人这一辈子总是在生活的波涛中沉浮，会遇到波谷，也会遇到波峰，也正是如此，我们的生活才过得有滋有味，过得多彩，缺少了一样，生活都会变得没有意义。面对挫折和痛苦，不必难过，不要逃避，挫折是上帝给予我们的最好的礼物，人只有在痛苦中，才能更好地看清自己，被痛苦那“当头棒喝”打醒，从而更加智慧地面对生活！

痛苦和快乐总是相伴而行的，如果现在的痛苦，能带给你将来的幸福，为何不去接纳他，面对他呢？痛苦过后必定迎来崭新的快乐和幸福；如果现在的快乐，注定会在将来带给你痛苦和不幸，请果断地离开它，抛弃它吧！

生活中，但凡伟大的成功都不可能在一天当中就能完成，通往成功的过程就是不断解决困惑，承受痛苦的煎熬，最后崛起的过程。梁启超说，患难困苦，是磨炼人格之最高学校。在这所学校里，我们将学到与以往任何时候都重要的课程，没有具体的老师，没有严格的考试，有的只是自己内心的感悟和总结。也就是在这所学校里，我们将发现不一样的自己，找到那个真正的自己。

孟子告诉我们：“天将降大任于是人也，必先苦其心志，劳其筋骨，饿其体肤，空乏其身。行弗乱其所为，所以动心忍性，增益其所不能。”通过苦难这条道路，人们发现了自己的潜力，开发了自己的潜能，拯救了自己的灵魂。

总之，痛苦是我们人生不可或缺的一部分，我们不能要求生活总是风和日丽，那是不现实，不可能的！没有了痛苦的伴随，快乐便也不会长久，从而也失去了存在的意义。痛苦和快乐相伴相生，这才是生活的全部。

幸福就是愉快地活着

什么是幸福？这是个太老套的问题，我想每个人的答案和标准都不同，不过有一点是肯定的。那就是活着就是幸福，可以看到早上升起的太阳是一种幸福，可以听家人在你的餐桌唠叨个没完那也是种幸福，可以和好朋友插科打诨也是种幸福，幸福很多很多，多的就如你身边的空气，充盈在你的周围而你懵然不知……

幸福，一个很广义的概念。幸福是一种感觉，这种感觉并不是每时每刻都能感受到，一个真挚的眼神，一个轻柔的动作，一句贴心的话语，足可以让人感受到幸福。

感受父母亲切的关怀是幸福的，看到孩子天真的笑靥是幸福的，体会爱人亲密的拥抱是幸福的，接受朋友无私的包容是幸福的。幸福无处不在，只要用心去感受，去领会，幸福总会与你相伴。

保持恬淡的心境，是感受幸福的前提，拥有一颗宽容的心，就找到了幸福的源泉。幸福，是一种对现状的满足，过多的欲求，只能远离幸福的眷顾。不以物喜，不以己悲，用淡泊从容的心情，看待世事的变迁与轮回，那么，生活中的每个细微，都会让你感受到幸福。

或许，忙碌的工作，紧张的生活，让你犹如陀螺般机械地旋转，让你无暇感受幸福的美好。那么，请你暂且停下急促的脚步，离开烦嚣的纷扰，泡一壶淡淡的茶，放一段柔和的乐曲，静静地感受着这短暂的闲暇。你会发觉，幸福，原来就在你的身边。幸福，原本就这么简单！

好比时光老人给每个人每天24小时一样均等，只是，因每个人的态度不同而使幸福变得不公平，悲观的人认为，幸福是那遥不可及的地平线，可望而不可及；乐观的人认为，幸福就在身边。

幸福是什么，每个都有不同的答案。开心度过每一天，很轻松；珍惜现在所拥有的，很满足；把握时光，不留下遗憾，很充实。这，也许就是一种幸福吧……

人类最伟大的目标，不是单个人的幸福，而是每个人都幸福。人生在世苦恼多，绝对不可能事事如愿，幸福就是愉快地活着。你如果遇到不快乐的事情时，不可盲目生气，试着坦然一点儿，说不定你会从中找到很多乐趣呢。因为一个真正的人，看见自己周围还有穷困、灾难、忧虑的时候，他是不可能幸福的。幸福不是自私自利、妄自尊大。它是仁慈博爱、济世安民。譬如，一个人经历过饥饿之后，他就不希望世上再有饥饿；经历过战争之后，他就会谴责杀人行径，总而言之，非正义能唤起他对正义的追求。

偶尔会听到朋友这样说："为什么和他在一起我一点儿也不快乐呢？为什么他不能够给我应有的幸福？我真是看错了他，选择他，注定我的人生从此暗淡无光了。"请问，你的快乐是什么呢？你的幸福又是什么呢？

国王带领王子出去打仗。虽然王子也曾经上过阵，但是国王总是从王子身上看到退缩与胆怯，他不希望自己将来的继承人如此懦弱，这样是不会治理好一个国家的。只听一阵战鼓轰鸣、号角吹响，国王庄严地托起一个箭囊，其中插着一支箭。父亲郑重地对儿子说："这是国袭宝箭，配带身边，力量无穷，但千万不可抽出来。"

只见十分精美的箭囊呈现在王子的面前，它是用牛皮打制，镶着幽幽泛光的铜边儿，再看露出的箭尾，一眼便能认定用上等的孔雀羽毛制成。儿子喜上眉梢，贪婪地推想箭杆、箭头的模样，耳旁仿佛有嗖嗖的箭声掠过，敌军的主帅应声落马。

果然，配宝箭的儿子英勇非凡，所向披靡。当收兵的号角吹响时，儿子再也禁不住得胜的豪气，完全忘记了父亲的叮嘱，强烈的欲望驱赶着他立刻就拔出宝箭，想看个明白。一瞬间他惊呆了。

是一支已经折断的箭，父亲竟然送他一支折断的箭。顿时，王子被吓出了一身冷汗，仿佛顷刻间坍塌的城池，失去了斗志。结果不言自明，王子惨死于乱军之中。拂开蒙蒙的硝烟，父亲拣起那柄断箭，沉重地啐一口道："不相信自己的意志，永远也做不成国王。"

把胜败寄托在一支宝箭上，多么愚蠢，而当一个人把生命的核心与权柄交给别人，又多么危险！把希望寄托在儿女身上；把幸福寄托在丈夫身上；把生活保障寄托在单位身上……一个人幸福不幸福，在本质上和财富、地位、权力没关系。

人能够掌握的只有自己的思想，幸福是人内心的一种感觉，不要把自己的幸福寄托于他人身上。自己才是一支箭，若要它韧，若要它利，若要它百步穿杨、百发百中，磨砺它、拯救它的都只能是自己。

幸福不在于我们必须拥有多少财富，它的本质是能够在精神上持续快乐。对于一个贪婪不满足的人来说，即使他是王室、贵族或有万贯家财也难以高兴起来，甚至是给他一个国家也不能使其幸福。他们总认为自己过得不幸福。我们对此也只能认为他们很“不幸”了。相反，那些普普通通、生活还不怎么富裕的人，勤奋吃苦，对生活充满了乐观自信，只要来自家庭或事业的一点儿满足，他就会倍感快乐。这样的人一定会幸福的，别人也无法阻止他的快乐，他也因此而感到幸福。

所以，财富并不能决定我们的幸福，有的人有着巨额财富和崇高地位，可他们一点也快乐不起来，他们在比他们还优越的人面前唯唯诺诺，唯恐某一天丢了位置，抑或丢掉脑袋。

找到你感觉不幸福的因素，直面它，如果不能打败它，就要运用迂回的心理策略，淡化它、不在意它。要知道这就是你的人生，你必须真真切切、诚诚实实地面对它。只有自己才是你生命的主宰，不要把命运交付在别人的手中，人仅能活这一世，它无法倒流，所以无论什么样的生活，它都是独一无二的，非常有意义的，值得你好好去珍惜。爱人者人恒爱之，敬人者人恒敬之。直面生活很简单也很难。简单是因为一个人只要存在于世上，他就在生活；艰难是因为生活是一个万花筒，我们如何身处其中，不被迷惑，好好的生活很难。但是无论简单还是艰难，我们都得生活。有句诗“一样春风弄颜色，桃花含笑柳含愁”。同样是直面春天，桃花就笑，柳树就愁，桃花和柳树面对春天的状态，像是我们现实生活中的人们。既然无论如何都得生活，所以，我们要快乐，不要忧伤；可以舍弃暂时的享乐，追求长远的快乐。而且时间也不会因为你的不快乐、不幸福而为你驻足、为你停留。

真正的幸福和快乐

真正的幸福和快乐，究竟是怎样的呢？

我在南非留学时发现，人们的关系会随着“早晨好”“晚上好”的问候而逐步加深。当对方对你关心时，总不忘问你一句：“你快乐吗？”

最忘不了的是一位70岁的苏格兰老太太，每天总要颤巍巍地踱到我们的公寓房间来问候一下，然后会很随意地问：“你快乐吗？”刚开始以为这是一种老人的孤独，想要找人谈话聊天。但日子久了，她的问候就真成了我们衡量自己生活的一种指标，快乐才是有价值的生活。只是，东方人很难意识到这种文化的差别。

有一次，我去住在山区的朋友那里度假。黄昏时分，朋友在后院整理花草，猫儿在树下打盹儿，鸟儿纷纷归巢，房子的白墙，反射着太阳最后一抹余晖，屋里飘出阵阵土豆炖肉的香气。时间仿佛停滞，凝成一幅温馨宜人的画面。抬头远望，山脚下下已完全暗淡下来，家家户户都透着温暖的灯光，灯光下，是全家人围桌进餐的温馨画面，偶尔还传出几声笑语。

当时，我不禁想到：幸福，不就是这样吗？不需要太多的铺张，不需多么复杂的愿望，只是每天生活上的小事，就构成了幸福的要素。幸福是平淡安适的生活，幸福是父母健康、快乐，幸福是拥有可彼此紧握、一生相随的牵手。幸福，或许就是这么简单。

但是，幸福，又未必这样简单。关于幸福和快乐，从许多哲人的描述中可以感觉到，这是一种很少为人们所获得的奢侈品。

比如，叔本华说，人生更多的时候是寂寞和苦闷，快乐和欢聚只占人生的少部分。还有的哲人简洁地说，人生就是含辛茹苦。由此看来，人生一世，痛苦、悲伤、孤独和苦闷占据了人生的大部分时间，而欢乐只不过是人生的点缀而已。

平心而论，幸福或快乐是一种非常个人化的感受，一万个人可能就有一万种答案。如果你要想了解它、捕捉它，它又来无踪去无影。所以，幸福像一种花非花、雾非雾，夜半来、天明去的物质，很难有量化的标准来判断一个人到底是幸福还是不幸、欢乐还是痛苦。所以，谈论幸福和欢乐的感受，难以用科学的方法来测定和判断。但是，幸福或快乐这种心灵的感受又并非是不可捕捉的。常常你能感觉到它、明白它。比如，开怀大笑，无疑说明你是快乐的、幸福的；暗自哭泣或号啕大哭，则说明你是悲伤的、凄苦的。

不同的社会阶层，对幸福理解当然不同。而且，即使同一个，在不同的历史时期，对幸福的理解和对生活的需求，也会差别极大。所以，幸福，乃是一种相当自我的主观感受。

一般而言，有多种严重疾病的人，当然不会感到幸福。但是，也有例外的情况，比如，当一些人不能待在原有岗位上时，会有新的机遇为他们打开大门。而且，生命中还有许多积极的因素，如社会支持、家庭和亲人的爱。不可否认，无论在何种社会形态下、离异、死亡、失业，是使人们产生消极情绪的三种重要因素。一朝发财，固然可以让人高兴，但这种情况的发生，顶多持续一两年，时间未必长久。

另一方面，幸福和欢乐也是一种很泛化的心理感受，有很多相类似的感觉都可能归纳到幸福中。例如，人的幸福感可能是一些不太相同但又有联系的概念，如满意、快乐、乐观、高兴、有趣、自豪感、优越感、炫耀、不愁衣食等。不过生物因素也是造成幸福与否的原因，例如体内的物质，如可的松、免疫系统的强弱等等。通过它们可以了解到一个人是否紧张和有压力。例如，紧张和压力增加时，血液中去钾肾上腺素会增多，这种激素可引起血管收缩、血压上升、心跳加快，容易引起心脑血管疾病如脑血栓、高血压等。久而久之便可危及健康，使人折寿。在高兴时，体内的内啡肽物质也会增多，因为它被证明是一种快乐物质。当人们高兴时，它的分泌会增多。它不仅能改善大脑，保持脑细胞的年轻活力，而且能使人心情愉快，由此增强免疫功能，提高机体的自然防病和治病能力，防止衰老。

尽管如此，在谈到幸福时，人的感受也是第一位的。而这种感受的获得很大程度是来自文化。因为，文化不同，幸福感就迥然相异。

很多时候，简单就是一种幸福。生活本来就太多的诱惑，太多的追求和渴望会让原来简单纯粹的人生变的迷茫与困惑起来。

一个幸福的人不是由于他拥有得多，而是由于他计较得少，懂得发现和寻找，且具有博大的胸襟、雍容大度的风度。很多时候，幸福就是这么简单，像野草一样蔓延疯长，像空气一样弥散于每个空间，只要你留意，得到它其实很简单。人所处的环境不同，但凡福祸相依，苦乐掺半，只要从容处世，看淡得失，积极努力地发掘生活中美好的一面，幸福的感觉就会接踵而来的....幸福其实就在我们身边、就在我们眼前、就在时空的分秒间……

总体而言，幸福大多时候是随收入的增加而增加。在非洲的贫民窟，居民收入增加，会让人感到极大的幸福。一天挣一美元与一天挣五美元，显然是不一样的。因为这意味着一个人和其家庭，每天是否有吃的或吃得比较好。但是，在西方人眼中，收入增多让人感到幸福的情形只占很小的一部分。

还有人认为，有一个孩子，是获得幸福的最重要的因素之一，但是，问题并非如此简单。有孩子和没有孩子的人，基本上对其生活是同样满意的。研究发现，当有了一个孩子后，人们对其生活感到更为满意。不过，一两年后，他们的幸福感又退回到以前的水平，甚至低于他们感觉幸福的基线。

真正能保持长久幸福和快乐感的人，是那种在尽了自己最大努力后，能达到目标的人。他们的欲望和需求，是一种够得着的苹果，不论是踩着一个凳子，还是通过助跑，跳起来摘取都能到手的苹果。换句话说，欲望不是太强，或者别让自我压力太大，才可能达到某种幸福或平和的最高境界。

反过来也可以理解成一个人的不幸福不快乐，可能是期望值过高所致。通过自己尽力后能达到目标，总是最有趣的，也是最能吸引人的事情，而且的时间也最长久，无论是对于个人的生活，还是某种职业或事业，这正是幸福和快乐的源泉所在。

幸福是内心的感受

忙忙碌碌的生活中，你有没有时常静下心来问问自己："我幸福吗？"也许，你从来没有认真地考虑过这个问题，或许，你认为反正一样都是要讨生活，幸福还是不幸福日子一天一天还不是要照样过。……如果你这么认为，那么想必你的生活一定是枯燥单调的。

首先要搞清楚一点，我们活着是为了什么？人生的意义又是什么？相对于一个个体而言，我们的生命是非常短暂的，就算你的身体很健康，能够活100岁，可是在时间的长河中，也不过是电光火石眨眼之间。古人说得好："逝者如斯夫，不舍昼夜。”未来的每一分每一秒很快就会成为过去，时光如梭，白驹过隙，当你蓦然发现自己的人生已经过去了一大半的时候，回首往事，在你的心里留下的最宝贵的东西是什么呢？金钱？名誉？还是权利？这些东西固然可以使你得意，可是恐怕最终能被你永留心中的还不是这些吧。

真正最宝贵的财富，是来自于心灵的幸福。

虽然，生活是忙碌的、是无奈的、是周而复始单调乏味的，可同时，生活也是可以享受的。可是现在的人们，你懂得享受生活吗？享受生活要靠心灵的体验。幸福来自于心灵，这是因为心灵更接近“道”，更接近那个“真理”。真理是人生路上点点滴滴的收获，是一个人内心宁静祥和的基础，它是能够去感悟却又难以表达的一种信念。正因为心中的那个“道”、那个“真理”始终存在，所以我们的灵魂才能真正属于我们自己，才能够抛却恐惧，见到本性。

同样因为心灵感悟到了真理的存在，我们才能在生活中感受到幸福与喜悦。可是，当今的人们，却是心灵退化，头脑发达。头脑是不能给我们带来幸福的，要知道，我们的幸福感都是由心而生的，不是由大脑而生的。看看我们现在的生活，你就会明白为什么我们会不幸福了，我们现在的社会确实是发达了，物质生活愈加丰富，生活指标上升了，可以说，现在的人们想要什么就有什么，想玩儿什么就玩儿什么，想吃什么就吃什么……这对于过去来说，显然是大大的进步。可是，我们在吃饱了、穿暖了之后，我们的心灵却更加空虚了，幸福指数下降了。

据统计，现在人们的幸福指数，相对于二三十年前降低了；越是发达的城市，人们的幸福指数反而没有普通地区的高。为什么科技进步了，物质丰富了，见多识广了，我们却并没有因此而更加幸福呢？当我们的社会朝着更加发达的方向迈进的时候，我们的头脑更加理性了，也更加“机械化”“科学化”。我们的生活更像是一个个“程序”，只要按动开关，它就会没有误差地朝着制定的方向前进。

当今社会，人们重视头脑的培养已经到了一个极致，各种职业技能培训层出不穷。遗憾的是，头脑培养并没有“培养”出我们的幸福感，反而使我们的心灵物化、感受力降低。人们变得越来越务实了，把一切问题都用大脑的理性和逻辑来处理，不再去用心灵感受了。现在流行“快餐文化”，头脑就是“快餐文化”，不再需要用心去感觉，心灵也不需要那么敏感，只要用头脑思考用逻辑判断就行了。我们在电视里也能看到，很多“速配”节目，一台节目几十分钟，互相不认识的男男女女就配了对，甚至还有“十分钟恋爱”“五分钟约会”等等，用极短的时间来决定一场恋爱，这种“秀”其实就是一种快餐文化。想想看，当你连爱情都要用头脑来决定的时候，你的心灵哪儿去了？你能从中感受到幸福吗？或许你会从中感受到刺激，会获取一种快感，可是那并不是你心灵最真实的感受，而是感官上的一种满足。这也就是为什么现在的人总是要“找刺激”，这都是因为你的心灵已经麻痹了，只能靠着感官上的新奇体验来获取快感。然而，这些都是过眼云烟，又怎么能让人永远留在心灵深处呢？

头脑是科学，心灵是艺术。

科学技术的发明创造来自于头脑的发达，而艺术的产生则是来自于心灵的发展。诗歌、音乐、绘画等等艺术形式都是感性的，是作者们用心灵感悟过后呈现出来的，而当我们欣赏的时候，同样是要用心灵去体会的。当我们听一场音乐会的时候，当我们欣赏一件艺术品的时候，我们的心中自然而然就会升起一种愉悦、一种幸福。这是科学技术难以给予的。

所以，幸福不是来自于外部的拥有，而在于内心的感受。

我们要怎么去感受呢？这就需要我们心中要充满爱，充满情。对世间的万事万物，都要有一种欣赏、赞美的心态。今天的天气很好，温暖的阳光照耀在我的身上，让我舒服，此时，我很幸福；今天，上小学的女儿给我画了一幅肖像画，虽然不太像我，但是在她心中爸爸的形象很高大，所以，我很幸福；早晨出门，小区的保安对我点头微笑，让我觉得很亲切，这也让我幸福……生活中有太多可以使我们幸福的点点滴滴，就看我们是不是能把它们一一拾起，用心灵去感受……

幸福是一种心态

幸福是一种情绪，是一种感受，是一种宁静和闲适的心境，它既难得，也易求，关键靠我们去理解和把握。

幸福不可能完美无缺，玫瑰花总是有刺的。如果要享受幸福，那么，要连同其苦果同样承受下来。现在，科学还没有发明出一种办法——可以把幸福中的“苦果”离析出去。

人的烦恼，多半来自于自私、贪婪，来自于妒忌、攀比，来自于自己对自己的苛求。我们往往过于物质化，人为地夸大了幸福的标准，把幸福当作是一件可以炫耀的外衣；或者说，我们眼里的幸福，与个人物质欲望的满足，太多地联系在一起，以致当我们得不到这方面的满足时，就会心生怨气。也许正是因为我们现有的思维方式和处世方式，影响了我们对幸福的感受。

也许生活中始终会有很多的不如意，但不足以剥夺我们对幸福的体验。

有个富翁，家有良田万顷，身边妻妾成群，可日子过得并不开心。挨着他家高墙的外面，住着一户穷铁匠，夫妻俩整天有说有笑，日子过得很开心。一天，富翁老婆听见隔壁夫妻俩唱歌，便对富翁说："我们虽然有万贯家产，还不如穷铁匠开心！"富翁想了想，笑着说："我能叫他们明天就唱不出来！"于是拿了两根金条，从墙头上扔过去。

打铁的夫妻俩第二天打扫院子时，发现不明不白的两根金条，心里又高兴，又紧张。为了这两根来历不明的金条，他们连铁匠炉子上的活计也丢下不干了。男的说："咱们用金条置些好田地。"女的说："不行！金条让人发现，会怀疑我们是偷来的。"男的说："把金条藏在壁炉里。"女的摇摇头说："藏在壁炉里，会叫孩子偷去。"他俩商量来，讨论去，谁也想不出好办法。

从此，夫妻俩吃饭不香，觉也睡不安稳，当然，再也听不到他俩的欢笑和歌声了。富翁对他老婆说：“你看，他们不再说笑，不再唱歌了吧！办法，就这么简单。”

幸福，不是一种永久的状态。在人世间，一切都在不停地变动，任何事物，都不可能保有不变的形式。我们周围的一切都在变化。我们自己也在变化，谁也不敢说，他今天所拥有的东西，明天还将继续存在。因此，争取至上的幸福的盘算，不过是一种空想。不要动辄把满足的心情驱走，也千万别打算把它拴住，因为这样往往会陷入痴心妄想。

幸福，并没有挂上一块招牌，不过，它可以在一个人的眼神、举止、口吻、步伐中看得出来。它还能感染到他人。而且，一个人必须拥有对人生的希望，才能感到幸福。

幸福其实是一种心态。

就创造而言，幸福并不是在获得成功之初那令人神魂颠倒的时刻，而是在创作那些尚无人看过的艺术品的时候。在那些漫漫长夜里，艺术家沉浸在那些令人兴奋的希望和幻想之中，沉浸在对作品的无比热爱之中。那时，艺术家同幻想、同自我创造的那些主题生活在一起，一如同自己的亲人、同真实的人们，共同生活在一起。

幸福是每个小小心愿的满足给你带来的美好感觉。幸福是朴实的，它存在于生活中的每时每刻。它不一定是物质的，也不能够量化。其实，要获得它并不难，但是至少，需要你有一颗懂得欣赏的、充满感激的、安宁的心。

最大的幸福是拥有自由的良心，比起英雄主义，比起美丽和圣洁，这更为难能可贵。它不受任何约束，没有任何偏见，也不崇拜任何偶像。它摈弃一切阶级、阶层、民族和宗教的信条。这是真正的人的灵魂，它有勇气和诚意，用自己的眼睛观察，用自己的心灵去爱，用自己的理智去判断。

综上所述，人类永恒的追求是幸福，幸福体现的就是快乐，即精神上的满足。所以幸福就是愉快地活着，否则，即使我们拥有金山银海也难以有幸福可言。

放下

一个人若是懂得放下，生活便多了很多快乐。

有一个人拿着两个花瓶来献佛。佛说：“放下！”那人放下了左手中的花瓶。佛又说：“放下！”那人又放下了右手中的花瓶。佛还是对他说：“放下！”那人说：“两个花瓶我都放下了，现在已两手空空，你还要我放下什么？”佛说：“不是让你放下花瓶，我要你放下的是你的六根、六尘和六识。只有你把这些统统放下，才能从生死桎梏中解脱出来，才能获得真正的自在生活。”

佛教认为，六根、六尘和六识是人们产生贪念、怨恨等的根源，只有放下这十八界，才放下了心中所有的贪欲、愤恨和妄想，这样，人们才能冲破阻碍，真正从内在心灵上去认知事物，拥有一个畅快自由的心灵。

然而，大千世界，真正能够放下的又有几人呢？

有的人放不下金钱，有的人放不下名利；有的人放不下嫉妒，有的人放不下怨恨……

人们总是有太多太多的放不下。

佛曰，人生有八苦：生，老，病，死，爱别离，怨长久，求不得，放不下。

放下，是一种境界，一种超脱，是人生的一大智慧。学会了放下，便摆脱了人生的苦恼，获得了自在人生。

佛曰：忘记并不等于从未存在，一切自在来源于选择，而不是刻意。不如放手，放下的越多，越觉得拥有的更多。

日本作家川村妙庆在他的著作中讲过这样的一个经历：

有一天，川村妙庆讲完佛法，就顺便去当地的朋友家做客。朋友夫妇见到他非常高兴，热情欢迎他。妻子立马去为他沏茶，丈夫与他寒暄两句，对妻子说："把桌子上的烟帮我拿过来！"

妻子听了很强硬地说："你自己拿！"

川村妙庆说，其实那盒烟就在妻子的身旁，可她就是不管。无奈，丈夫只好自己走过去拿。他对川村妙庆说："你看，没办法，每次都这样，每次拜托她办点儿事都不帮忙！"

川村妙庆很奇怪，走的时候他悄悄问那位妻子："你为什么不帮他拿呢？举手之劳而已！"

妻子说了一句令川村妙庆非常惊讶的话："我20多岁怀孕的时候，他什么都没帮我做过！"

这夫妻已年过六载，可妻子对40年前丈夫的事情仍然放不下！

这位妻子或许有着苦衷，心里留下了伤痕。可什么天大的事情不能在40年间丢开抛下呢？

对过往的事情耿耿于怀，不快乐的不仅是自己，也有你身边的人！

人生要懂得放下。

人这一辈子总会遇到很多烦恼，生活、事业、爱情、婚姻，没有谁是顺顺利利地走完一生的。然而，面对这些人生的苦恼，我们要懂得时刻放下。放下，不是让你四大皆空，万念俱灰，随波逐流，而是让你睁开心灵的眼睛，珍惜自己心里最美的东西，舍弃那恼人的心外之物。放下是我们在面对困难处境时一种积极的人生态度，是一种对外部事物进退取舍、轻重缓急、远近厚薄的把握。 挖除心里那久积的淤泥，放下那芜杂的干扰自己心境的纷繁事物，抛却所有外在压力，你的心境会无比的开阔，豁达，感受到前所未有的轻松和愉悦。

放下是一种心境。很多时候，一个人快乐与否，取决于他的心境，看他是否能够把压力，忧虑，不快等等所有干扰自己心绪的外在之物放下。有这样一个小故事：

一个老和尚带着一个小和尚下山化缘，走到一条小河边遇见一位穿着罗裙的少女，过不了河，非常焦灼。看到两个和尚过来，便对他们说："师傅，我有要事要渡过河去，您能帮我吗？"老和尚听了，慈悲心发，便背着这个少女过了河。到了晚上，小和尚不快，问老和尚说："师傅，佛门不近女色，可白天你为什么却放不下那个少女呢？"老和尚笑着说："哪个女子啊？我早放下了，你怎么却还背着啊！"

很多时候，我们不也像那个小和尚般，诸多不悦压在肩头，悲伤、屈辱、悔恨，统统挥散不去。它们常常从心头出来撩拨自己，如冰冷的刺刀般划在自己的胸膛，划出带血的痕，并一步步划向我们的心灵，一点点儿腐蚀它，让我们变得愤怒，变得丑陋，变得疯狂，变得狭隘，变得自己不认识自己。它们就像牢笼般把自己困扰其中，让自己不得呼吸外面的新鲜空气，不仅阻碍了自己前进的道路，更甚者毁了自己的一生。

人生在世，该放下时便要放下，多多清除心灵的垃圾。心灵才有更多的空间去赢得、获取幸福和快乐。放下，才能迎来崭新的明天。

放下是一种洒脱，一种选择。

从前，有一位巨富做生意赚了很多钱，可他不快乐，于是他便背着很多金银财宝，远行寻找快乐。可是他走啊走啊，走了几十个日夜，跋涉了千山万水，也未能寻得。一日，他走累了坐在山道旁的石头上休息，正好对面过来一个挑柴的农夫。富翁便问农夫："你说，我作为一个富翁，家财万贯，人人羡慕，可是我问什么却没有快乐呢？"

农夫放下肩上沉甸甸的柴草，用袖子擦了把汗，憨笑着说："想要快乐很简单啊，放下了不就快乐了！"那富翁一想，是啊，自己肩上背负着那么重的珠宝，每天忧心忡忡，生怕被别人抢走，哪有快乐可言，他顿时开悟了。

于是，他不再守财奴似的抓着钱财不放，用自己的金银财宝不断来接济周围的穷人，做了很多善事。很奇怪的是，一段时间下来，他的钱财不但没有少，反而更因为他的善行和良好的声誉越做越好。重要的是，快乐也蔓延开来。

钱财是我们的身外之物，生不带来，死不带去。然而生活中，很多人没有节制地追求金钱，追求物质上的满足和幸福，却将内心最宝贵的快乐给遗失了。我们说，一味地追求钱财，却失掉了人生中难得的快乐自在，值得吗？而放下了，便赢得了这份快乐，实乃明智之选！

有些人说，如何放下，我就是放不下，怎么办呢？

古时候，有一个人，陷入苦恼，不得自拔，他不远万里去找佛陀，要佛陀为他消除苦难。佛陀听完这个人的诉说，说道："没有人能够帮你从苦恼中解脱出来，真正能够解脱你的，只能是你自己。"

那人听了，疑惑万分："可是，师傅，我怎么解脱自己呢？我心中充满了苦恼和困惑啊！”

佛陀耐心地解释道：“是谁把苦恼和困惑放进了你的心里呢？”

这个人思顿良久，未曾言语。

佛陀见此状，继续开示：“是谁把你的苦恼和困惑放进去的，那就让谁拿出来吧。”

那人终于了悟。

人生在世，很多事情，都是因为我们过于执着，过于执着，便不能放开放下，不能放开放下，便不得解脱，不得解脱，便痛苦万分。于是，我们便不远万里，不惜跋山涉水去寻求高人高僧为我们解脱，开化，殊不知，这诺大的世界中，真正能够解脱我们自己的，唯有我们自己。

佛曰：“命由己造，相由心生，世间万物皆是化相，心不动，万物皆不动，心不变，万物皆不变。”

困扰我们，使得我们深陷其中不得自拔的，往往不是当下的生活，而是我们自己的心灵。所谓放下了便解脱了。很多事情我们之所以丢不下放不开，便是因为心中杂念作怪，不断干扰我们的平静的内心。只要我们能平和自己的内心，祛除内心的杂念。所有的一切外在障碍自然就不复存在了。

放下是一种境界。

有一位老人，在政坛里打拼了20年，可是在他人生机会最好的时候，他却突然决定退休了。退休后，他踏遍各地名山名水，名胜古迹，还自学了一手好乐器。老人的退休游玩的举动，令家人以及身边朋友等非常不解，有次朋友问起他原因，老人淡淡地说："人这一辈子真正属于自己的时间不多，我只是想在我人生的最后旅程里，留些时间给自己，做一些自己喜欢的事，一些以前想做却没有时间去做的事情。"

放下是一种境界，一种人生的智慧。适时收手，进退自若，给自己的生命留些时间和空间，完成自己曾经未了的梦想，这又何尝不是另一种充盈的快乐！

法国哲学家伏尔泰曾经说过："使人疲惫不堪的不是远方的高山，而是鞋里的一粒沙子。"在我们人生的征程中，我们要前行，要远足，就必须学会倒出鞋里的沙子。而这沙子，于我们的人生而言，便是需要我们放下的东西。执着地固守，不愿放下，不肯放下的人，往往会失去人生中更珍贵的东西。

放下是一种人生的哲学，是一种积极的人生态度，是一种超脱的智慧。放下了，我们的人生的路途才会越来越广，心灵的空间也才会越来越开阔。放下了，我们才能真正用心灵去体味人生的真谛！

周国平说：“利用生命每一刻来转化内在。”把我们的心放在当下，放在自己的内在世界，抛却尘世的烦忧，清除心灵的垃圾，让超然意识的智慧之光照耀进来，给我们的心灵一个清凉明亮的世界！

放下，赢得的是轻松，收获的是幸福。

第四章　简单

生活就是为了自己而活

为自己而活，其实是在平常的生活里享受一种简单的快乐，而且为了这种快乐抛开世俗的纷扰。

那天在商场购物，看到前面一个老人迎面走来。那老人头发花白，五十多岁，身上穿一件旧夹克，脚上穿一双绿色的解放鞋。正要移开视线的时候，却瞥见那老人嘴唇间有一根白色的小短棒。那老人伸手把那白色的小短棒抽了出来，却是一颗圆溜溜的粉红色的棒棒糖。老人如顽皮的孩子把糖放在眼前端详了一会儿，吮了吮，又把它塞回嘴里，继续慢条斯理地踱着步子。

我不禁哑然失笑。

笑过了，从他身边擦身而过，我不禁佩服起这位老人来。他是如此的率性而为，任凭那一份童真淋漓尽致地凝聚在那一颗粉红色的棒棒糖上；他是如此的无所顾忌，全然不在乎别人会拿什么眼光看他。那飞驰而过的轿车在他身边卷起一片片落叶，那西装革履的小伙匆匆从他身边经过，而他，还是静静地沉浸在自己的世界里。

想想生活中，有多少次，我们为了顾及身份，掩藏了自己的本性，天天戴着面具生活；多少次，我们为了顾及面子，让那难得的机会一再地逝去；有多少次，我们为了顾忌别人的看法而不敢做该做的事，却在事后追悔莫及，甚至还为此一生都背着一个十字架，日日遭受良心和道德的遣责；有多少次，我们为了顾忌那些本不该顾忌的一切而犹豫不决而裹足不前而浪费光阴而铸成大错……

须知我们的生活除了金钱除了权力还有许多东西。当你为挣钱忙得焦头烂额甚至脸顾不上洗饭顾不上吃时，为什么不一把甩开，到外面呼吸一下新鲜的空气，欣赏一下路边无名的小草；当你老也猜不透上司的想法时，为什么不干脆放弃它，然后回家看看父母？

须知我们是在为自己活着！累了的时候，想想那个老人，别忘了给自己的心留点空间。

生活中没有非接不可的电话，没有非要不可的东西，没有非做不可的事情。只要你愿意为自己而活，你便会发现，世界上只有极少的消息值得传递，一生中也只有一两封信值得花费邮资。在这个世界上，一个人越是为自己而活，便越是富有。那些为自己而活的人，实际上是天下的富人。

在世俗的社会里，只有你为自己而活了，你才会成为自己的主人。那些脖子上多了一条项链，衣服上多了一枚胸针，头上多了一顶帽子的人，以及有着多余表情、多余语言、多余朋友、多余头衔的人，深究一下，便会发现，他们都是在完美和荣誉的借口下展现一种累赘，这种人可能终其一生都走不进自己人生的大门。另一些人用大量的时间，贴近自然、领悟内心，只让生命之舟承载所必需的东西。这类人看似贫穷，然而这种与自然规律和谐一致的贫穷，谁说不是一种富有呢？

生活在这个世界上，我们承载了许多的责任和义务，我们要努力地工作，要对家庭负责，要对父母负责，但也不要忘了对自己负责。在我们为了这些责任和义务而辛苦地奋斗时，记得给自己留一点儿空间。当你为自己而活时，才能让你身边的人感到放心，感到幸福，因为他们期盼的何尝不是你也幸福呢？

生活不复杂

生活就是生活，它本不复杂。生活变得复杂，是由于人们的心理的复杂化，与实际的情形发生了错位，才导致人们对生活表达出不同的态度。

上帝给每个人一杯水，于是，人们从里面体味生活。

当你刚刚来到世界上时，你的人生就好像是一杯清澈透明、无色无味的水，而正是因为有了生活的介入，这个杯子才变得丰富多彩，五味俱全。然而生命的总量是不会改变的，它始终是一个杯子，而生活是否有意义完全取决于你自己。

生活就像是一杯水，清澈透明，无色无味，对任何人都一样，接下来你有权利加盐或者加糖，只要你喜欢。生活中的人们，因为欲望，为了让自己的这杯水色香味俱全，在里面加了各种各样的作料。诸如：亲情、友情、爱情；金钱、工作、家庭；喜、怒、哀、乐、愁等等，所以每个人都觉得非常地累。当劳累到一定程度，也就是生活这只杯子的容量无法承载的时候，人生也就垮掉了。所以，当你向人生的这只杯子不时地加水或者加作料的时候，应该有选择地适当放入你的调料，生活才会有滋有味。所以有品质、高质量的生活，是人们对自己的生活有所选择和适度地把握结果。你要精神多一些；或者你要物质多一些；你要金钱多一些，或者你要快乐多一些，一切都在于你自己的均衡。均衡的最终结果是使你生活的这杯水更符合你自己的味道，你生活的这只杯子不破，这才是你理想的优质生活。

有这样一个女孩儿：“她对一切都漠不关心，做事情漫不经心，不喜欢学习，平时对于自己的着装也从不打理，甚至衣衫不整，一切事情都不能吸引她的注意。”是什么原因让她变成现在这个样子的呢？这是一直困扰女孩儿妈妈的一个问题，最后她没有办法，只得向心理学医师求助。

女孩儿的妈妈对李医师说：“先生，我弄不明白她是怎么回事。她如今都18岁啦，还这么不懂事。这可叫我如何是好？”

只见李医师微微地笑着说：“给我和她一些单独相处的时间，可以吗？或许我能够找到她对一切提不起兴趣的原因。”

女孩儿的妈妈走后，李医师把小姑娘请进诊室，他细心地观察着小女孩儿的举动，她的衣服不整洁，头发和脸蛋似乎几天没有洗，但仍旧无法遮掩她的美丽，这份美是被她的漫不经心、无所事事给掩盖了。小女孩儿的心理年龄和实际年龄显然有着一定的差距。

当李医师与小女孩儿聊天的时候，她的头左顾右盼，满不在意的样子。医师细心观察的同时，静静地说着：“孩子，你是个很漂亮、性格非常好的女孩儿，这些难道你不知道吗？”

只见女孩儿的眼中闪现着惊奇的目光，脸上绽放出甜甜的笑容，并疑惑地向医师询问：“真的吗？”李医师又坚定地说：“我说你是个美丽可爱的女孩儿，性格也很好，你怎么就不知道自己拥有的这些呢？”

女孩儿高兴得说不出话来，欣喜的眼泪从眼中溢出，脸上写满了喜悦，也许平时充塞她耳际的多是嘲讽与训斥，还有母亲的抱怨、指责。所以她才会一蹶不振，变成现在这个样子。

李医师继续说道：“明天晚上我去听交响乐，你愿意同去吗？不过呢？你要打扮得干干净净、漂漂亮亮的。”女孩儿十分高兴，开心地和妈妈回家去了。第二天晚上六点，女孩儿准时出现在诊所门前。李医师打开房门时，竟有一刹那的讶异，甚至是震惊。只见女孩儿美美地来到了他的面前，一身白色的长裙将她衬托得如水中之莲，圣洁，高雅，晶莹剔透的眼眸光亮夺人，曼妙的身材楚楚临风，清秀的脸庞写满了天真，让医师简直认不出来了。她的一颦一笑、一举一动，她的文雅、自持、适度与之前那位邋里邋遢的形象有着天壤之别。当女孩儿来到剧院时，她被那美妙绝伦的乐音所感染，坚定了她将来要当歌唱家的决心。从这以后，女孩儿变了，她热爱学习，奋发向上，终于不负众望，成为了一名歌唱家。

也许你从小在一个孤儿院里长大，你也会有开心愉悦、骄傲满足的时候。阳光照耀在你的窗前像照在其他家庭一样

的温暖、光亮；在你的门前，积雪也会慢慢地融化。一个对生活有着深刻感悟并充满热爱之心的人，同时也是一个幸福的人，你的人生将从此变得缤纷多彩。只要你热爱生活，是一个从容面对生活的人，只要你热爱生活，那么无论你在哪里都会像在皇宫中生活一样，开心快乐、心满意足。

对生活的热爱，对人们、对大自然、对一切美好事物的热爱，会使一个人转变、认识自己，从而努力对社会作出贡献。

在日常生活中，我们常常可以看到两种生活状况迥然不同的人。一种人是每天风风火火，既忙家务，又忙孩子，既应付工作，又应酬于亲朋好友之间的交际，既惦记着股市行情，又盘算寻找一份第二职业，既关注分房动向和职称评定，又算计着如何赢得领导信任以谋取个一官半职，如此等等。总之，他们是行踪不定，难得清静，一副大忙人的样子，实则忙乱不堪，制造混乱，不自觉地干扰他人平静的生活。他们办事效率是否高、生活是充实姑且不论，但客观地讲，“活得好累”，想必是他们想否认也否认不了的人生感受。

而另一种人则与之截然相反。他们非但把家务和孩子料理得十分周到，井井有条，而且工作干得有条不紊，人际关系正常和谐。他们也不是不关心职称、住房什么的，甚至也可能与股票、第二职业之类的东西有关系，但是，他们却以高效的工作成绩、平和的人际关系和高超的生活艺术等，赢得了领导和同事的称赞。他们给人一种特别有条理、特别自信、特别轻松愉悦的感觉，其自身的内心感受，想必也大概如此吧。

对比如上两种人的生活，你一定会感到不解。其实，道理很简单，那就是两种不同类型的人所走出的不同生活轨迹——由于他们处世哲学不同、个人素质不同、生活艺术不同，所以才走出了截然不同的生活之路。正因如此，他们在工作、生活、为人处世等方面的收效也各不相同。

有的人，或者不甚清楚自己为谁活着、应该怎样活着，于是感到无聊、迷惘，既不反省昨天，也不憧憬明天，生活失去了目标；或者生活总不得要领，找不到属于自己的位置，有时乱串角色，四处漂泊，有时自行设计角色，结果迷失了自我。这都是由于他们不懂得合理地安排生活所致。

生活其实很简单

生活其实很简单，就好像我们房子里面的东西，没有用途的，该扔的，要毫不吝啬地扔掉，因为生活中的很多东西实在无用，不扔掉是一个累赘，扔掉了则给人一种清新放松的感觉。另外，人没有分身术，我们不可能参加所有的活动，只要我们过得开心就行了，何必在乎别人的看法呢。

我曾经到国家图书馆查询一些从前的小说，比如，我们过去经常偷偷阅读的那种。我一直以为这样的经典作品会吸引很多男孩子，但是，正好相反，我一个也没看到。过去能引起人们激情的东西，现在已经无法再引起孩子们的热情了。只有几位老人在很害羞地阅读，好像这些书仍然是禁书一样。“世道变了”，一个满脸胡子的家伙说，他从前读这些小说时心跳得像打鼓一样。

图书馆外面的公园里，一群老人在晒太阳，互相讲着一些有趣的事情。与在图书书馆里小憩的老人一样，他们坐在公园长椅上打盹。公园里的老人大部分都60岁以上，有衣冠整洁的，也有衣冠破烂的。虽然这群老人有贫有富，但是却看不出他们之间有什么差别，他们聚在一起，非常快乐，不管明天是填不饱肚子还是充满了希望。

一位和蔼的老人正在向别人诉说着自己曾经的美好岁月，他说他年轻的时候去过南太平洋。就在他讲述自己美好经历的时候，一位意大利擦鞋童正在给他擦鞋，抬着眼睛看着他。这位老人把故事讲得绘声绘色。擦鞋童擦远鞋之后，等着老人讲完故事，过了一会儿，站了起来，走开了。当他从我身边走过的时候，对我笑了笑，向后指了指说：“一群无聊的家伙！”

这只不过是我在公园里转瞬间所看到的景象，令我无法忘记。很少有人会停下业观察这样的场景，这群老人已经风光不再，朽木残年了。可是，这群老人是多么有意思呀！他们有自己独特而又丰富的经历，他们有自己独特的人格魅力。是群混迹于公园的老年人为什么会被拒绝于这个之会之外呢！

生活远没有想的那么复杂，我们只要该前进的时候前进，该后退的时候后退就行了。

生活是不可预测的，没有一个人会知道自己的未来如何，但这并不意味着生活有多么复杂。如果你认为明天完全可以预测，那么，你的生活就是暗无天日的。

古时有个渔夫，是出海打渔的好手。但他却有一个不好的习惯，就是爱立誓言，即使誓言不符合实际，八头牛都拉不回头，将错就错。

这年春天，听说市面上的墨鱼价格最高，于是他便立下誓言：这次出海只捕捉墨鱼。但这一次渔夫所遇到的都是螃蟹，他只能空手而归。回到岸上后，他才得知市面上螃蟹的价格最高。渔夫后悔不已，发誓下一次出海一定要只捞螃蟹。

第二次出海，他把注意力全放到螃蟹上，可这一次遇到的却是墨鱼。不用说，他只能又空手而归了。晚上，渔夫抚着饥饿难忍的肚皮，躺在床上十分懊悔。于是，他又发誓，下次出海，无论是遇到螃蟹，还是遇到墨鱼，他都要捕捞。

第三次出海后，渔夫严格按照自己的誓言去捕捞，可这一次墨鱼和螃蟹他都没有见到，见到的是一些马鲛鱼。于是，渔夫再一次空手而归……

渔夫没有赶上第四次出海，他在自己的誓言中饥寒交迫地死去了。

人生最大的愚昧，莫过于像这个渔夫一样，对眼前能看得见的本分不尽力，而对于将来未必靠得住的幸福苦苦用心。事实上，我们只需要在平平常常之中，保持一颗坦然而宁静的心灵就行了。我们并不需要生活有多么奢华，而是只追求心灵所需要的快乐生活就行了。

为什么很多人活得那么累？根源在于他们的内心思维的多面性，因为他们过于羡慕别人而忽视自己所拥有的一切，俗话说，金窝银窝不如自己的狗窝。羡慕别人，会为自己增添无谓的烦恼。我们不如平心静气地看待别人的辉煌，以快乐的心态面对别人的一切，以快乐的心态守住自己的一切，这也是一种宽阔的胸襟。

善待自己

卢梭是法国的大思想家，他曾说过这样的一句话："大自然塑造了我，然后把模子打碎了。"这句话，听起来很难以理解，甚至大部分人说这句话是一个病句，根本就没有一点儿意义在里面。其实卢梭说的是实在话。失去了模子的我们，不可能再出现第二个自己，那么我们就要善待现在的自己，不要更多地伤害自己。可惜的是，许多人不肯接受这个已经失去了模子的自我，因为他们没有把自己提升到另一个高度来善待自我。

对于我来说，我作为一个职业演说家，我大量的工作和生活是在华夏大地上飞来飞去，也就是不停地在全国各地做演讲，与各种各样的人士分享我在商业和生活方面的见解。尽管我的听众来自各行各业，但他们的问题却是集中在同样的问题上——我怎么才能发现生活的更重要的意义？我怎么才能在工作中作出更持久的贡献？我怎么才能将生活简单化，以便于享受生活的旅程？

我的回答也总是以这样一句话开始：找到自己的人生舞台，在人生旅程中善待自己。我身边有一位朋友，他是在苦难中成长的，他一直认为他在童年时期的生活是充满艰辛和苦难的，认为很多人对待他实在太狠，于是他就想报复别人，他总是认为这个社会对他太不公平，让他受到了很多的折磨。

当然，我这位朋友抱怨的理由不外乎未能达到当初的自我期望，或者是他辜负了别人的期望，后悔没有选择另外一条生活道路，使自己学业不够理想，再就是工作不如意。

那么，我们如何才能改变这种生活方式呢？尽管在我们的人生历程中，我们都有万般理由无休止地自我责难，可这样根本于事无补，尤其是我们在遇到困境的时候。伤感、哀叹和哭泣都是人之常情。这些感情的流露本来是自然而然的事，只是受到了文化习俗的压抑、诱导和扭曲。

伤感乃是人生情感中不可避免的一部分，活着总会有所损失，而患得患失又是每个人的天性。随着年龄的增加，损失也就越多，所以我们必须能够面对这一切。最好的办法就是尽情地表露我们的失落，让我们的情绪得到发泄。而且，我们还要为我们的失败放声痛哭，如果我们不哭诉，我们的内心将会受到无法愈合的伤害，并在各个方面影响我们的生活。

一个年轻人给我讲了一个故事，他说他现在在北京的一家高科技公司里上班，他感觉那家公司好极了。让他感觉好极了的原因是他和在这家公司里的一位姑娘恋爱了，他们决定订婚。他甚至说道："你可知道，在我们订婚时，我感觉到非常幸福，于是我就在想，我将用我一生的精力来爱她，我将给她最幸福的生活，我将为她买最高档的别墅，我将在银行里给她存更多的钱。"后来，这个年轻人和他心爱的姑娘结婚了。但是，过了几年，他感觉到他过的生活和大家一样，是那么平常，是那么普通，甚至还感觉到乏味。更让他苦恼的是，没过多久，他失去了工作，他的妻子也失去了工作，他们不得不过着一种近乎流浪的生活。在这样的情况下，他感到生活没有意义，在许多个日子里，他和他的妻子大吵大闹，他喊道："活着还有什么意义呢？"

听完这位年轻人的话之后，我对他说："你应该善待自己，你必须不断地提醒自己，你是你自己唯一的自己，没有人能够替代你，你应该有更多的选择走出这样的生活。当你以一种进取的态度来对待自己的话，你就在崭新的人生道路上迈出了第一步。"后来，这位年轻人改变了自己的生活态度，以一种善待自己的态度投入到工作与生活中，他最终有了一个好的人生旅程。

一个月之前，这位年轻人在给我发来的电子邮件中这样写道："正是我经历了这么多的磨难，才塑造了我不怕困难、顽强、坚韧的性格。正因为我受过太多的苦，所以我要争气，要比别人干得更多、干得更出色。终于，我的路越走越宽广了。如果没有听取你的教诲，我就不会面对自己，每当我感觉到生活对我是如此残酷时，我就尽量督促自己去想一想那些美好的、积极的、更加善意的事情。善待自己，就像父母对待我们一样，需要关心和耐心、鼓励和慈爱，就像父母当初如何对待你，就像你如何对待自己唯一的孩子。"

所以，现实生活当中的我们，也要学会善待自己。

善待他人就是善待自己

善待他人就是善待自己。最不容易善待的人往往是最需要善待的人。善待他人就是无害人之心；就是与人为善；就是成人之美。

“善待”是什么意思？这个问题看似明白，实际上不那么清楚，许多家长想告诉孩子，却觉得可意会但难以言传。要说难，“善”这个字的含义确实比较多，三言两语说不清。但如果从本质上看的话，“善待”的意思还是可以概括归纳为七个方面。

一是公正地对待。即对人要公平，要合情合理合法。

二是仁爱地对待。即对人要慈悲为怀，有一种博大的爱心，有一种深深的理解、谅解和同情。

三是无私地对待。即对别人好，不是为了自己，不是礼尚往来，不是为了得到回报。

四是真诚地对待。即发自内心地为了别人好，没有任何虚假、做作的成分，没有任何勉强，没有任何的言不由衷。

五是平等地对待。即对别人好不是分外的照顾，更不是居高临下的恩赐或施舍，而是人与人之间平等的交往、互助、关心和友爱。

六是自主地对待。即对别人好，是出于个人的自觉、主动、愿望，而不是出于外界的压力、约束和逼迫。

七是无差别地对待。即不论是什么样的人，不论在什么事情上，不论在什么时间、什么地方、什么情况下，都能好好对待别人。

显然，要做到这七个方面，困难是不少的，这就是说，“善待”是一个比较高的标准，但这并不表明它可望不可即。实际上，我们只要向这个标准努力，尽量接近这个标准就可以了。

“善待他人”中的“他人”，是指除了自己以外的所有

的人，这一点应该是清清楚楚的。怎么会产生“他人是谁”的问题呢？这个问题所以会产生、所以会存在，是因为生活中，一个人与社会人际网络上的各个人的关系是不同的，人们在每天的生活中面对着不同的人、不同的人际关系和别人对自己的不同态度、不同对待。这种种不同导致了两个方面结果。一方面，从被对待的人们的角度看，有些人最需要得到别人的善待，有些人最不容易得到别人的善待，有些人在善待问题上最容易被人们忽视。另一方面，从对待者的角度看，有些人特别愿意善待一部分人，有些人特别不愿意善待一部分人，有些人在善待他人时特别容易疏忽一部分人。就我们的日常生活经验看，往往是最需要善待的人们不太容易得到人们的善待，反而最容易被人们疏忽或冷待，或者说，人们最不容易善待的人往往是最需要得到善待的人。具体说，这个人群包括两部分人，其中部分是陌生人，另一部分是弱势人群。

不能善待陌生人，是人类历史上一个普遍的老毛病，就是人们所说的“欺生”。

不能善待弱势人群，是比不能善待陌生人更严重的人类通病，它就是人们所说的欺软怕硬，恃强凌弱乃至弱肉强食，这是人类最阴暗、丑陋的本性之一，极大地妨碍着人类社会的发展和人类社会成员的进步。社会中的弱势人群，情有可原，但亏待弱势人群，是不应该的。就当前的现实而言，从事体力劳动的人、穷人、社会地位低下的人、失业的人、文化水平低的人、犯了罪错的人、被社会上大多数人排斥的人、老年人、儿童、女人、残疾人、病人，尤其是传染病人、农民或乡下人、农民工，甚至是生理有缺陷或仅仅是相貌比较难看的人，都属于我们社会生活中的弱势者，都最需要得到社会和人们的善待，却又最难得到善待。

由于社会的流动性尤其是现代化过程带来的高流动性和人生的种种可变性，人人在一定的条件下都有可能成为陌生人和弱势人群中的一员。于是，有朝一日，我们都有可能成为最需要获得善待但却最难得到善待的人。说到这里，我们就可以看到“善待他人”的深刻社会意义和人道主义深意了，它实际上是要通过善待最难得到善待的弱势人群，去善待所有社会成员，去创造建设一个善待所有社会成员的社会。所以，如果把“陌生”也看作一种“弱势”，把“陌生人”也并入弱势人群，那么善待他人中的“他人”，就是社会中的弱势人群。实际上，问题还可以更简单一些，假如家长能和孩子一起，无论何时何地何种情景下，都能善待叫花子的话，他们就已解决了“他人”的问题。

人生在世，总得和别人打交道。与人打交道，实际上就是自己怎样对待别人和别人怎样对待自己。这件事每个人天天在做，但做的情况并不一样。有的人做得比较自觉，有的人则比较盲目，有的人做得比较好，有的人做得不太好甚至很差。人与人友好相待，给个人、家庭、社会带来了友谊、成功、进步和幸福；人与人不能很好相待，则造成了各种各样的个人悲剧、家庭悲剧和社会悲剧。这些经验与教训使得今天的人们有了一个共识，人与人之间应该相互好好对待，就是人们常说的“善待他人”。在这一共识之下，今天的家长们在家庭教育中比传统社会更重视对孩子进行待人接物方面的教育，“善待他人”越来越成为孩子成长过程中的重要内容。

有一个农民费尽千方百计，找来些优质西瓜种子，并把它们种了下去邻居们知道后，纷纷前来打听种子的来源。这位瓜农担心大家都种出优质西瓜后，自己有了竞争对手，于是便拒绝告诉。邻居们只好种上以前的种子。到了夏天，这位瓜农本以为会大丰收，结果却发现自己收获的仍是劣质西瓜，比邻居们的西瓜强不了多少，他感到非常困惑，便去请教一位专家。专家说："因为你的西瓜授的仍是劣质西瓜的花粉。"

人们往往嘲笑这个瓜农，可很多人唯恐自己吃亏，不愿帮助他人，犯着同样的错误。其实，每个人都是社会中的一员，与周围事物不可避免地发生着联系，互相产生着影响，善待他人，就是善待自己。

那么，我们为什么要善待他人呢?

从生活的现实看，一个人与别人打交道，不是善待他人，就是不善待他人，没有其他的选择。两相比较，无论对自己、对别人还是对社会，善待他人都是一种比较好的选择。实际上，除非发生了什么特殊的情况，人们很少会无缘无故地亏待一个人甚或坑害一个人。所以，一方面，人们在日常生活实践的推动下，自觉不自觉地趋向善待他人；另一方面，社会和文明的进步促使人们日益做出善待他人的选择。在社会发展面临知识经济、信息化、全球化的背景下，这样的选择更显得重要和紧迫。今天人与人之间交往的广度、深度、频度和强度，与传统的农业社会有天壤之别，也远远不同于工业社会，怎样对待他人往往不但决定着一个人的命运、一个家庭的沉浮、一项事业的成败、一个单位的兴衰，甚至事关一个国家、一个民族的顺逆强弱，这是从人生和世界大势来说的。从功利的角度来说，善待他人能较好地推动人们相互之间的理解和合作，做成做好各种事情；能较好地促进人们同心协力营造一个良好的生活环境，不断提高所有人的生活质量；能较好地推进整个社会的全面发展和所有社会成员个人的全面发展，使这“两个全面发展”中的动力激发到最大，阻力减少到最小。

从内容看，善待他人可以分为低、中、高三个层次。

第一个层次，无害人之心。这是最起码的要求和准则，是底线。它要求我们不歧视他人，言语、行为不欺负人、不伤害人，不占人便宜、不让人吃亏，不使人难堪，不幸灾乐祸，不趁人之危，不见钱眼开，不报复别人。

第二个层次，与人为善。它要求我们尊重他人的人格、情感、劳动和利益，有礼貌、讲信用、有情有义、得理让人，严以律己，宽以待人，知恩图报，凡事行善，先人后己，见贤思齐。

第三个层次，成人之美。己所不欲，勿施于人。设身处地，尽力助人，直至死生相许，舍己为人。三个层次，三种境界，作为基础，我们先把无害人之心这条底线守住，就已经是一个很好的开头了。

至于通向“善待他人”的途径，有两个方面，一是说，二是做。说可以明理，做可以养成习惯。在孩子小的时候，说理主要是家长的事，因此家长必须先弄懂道理，然后用合适的方法告诉孩子。做，当然是家长和孩子共同的事，但家长必须以身作则，为孩子做出榜样，一句话，一个动作都马虎不得。比如家居城市的父母，如何为孩子做好善待农民工的榜样，就是一件需要十分小心而又十分不容易做好的事情。一个家境小康的家长如何为孩子做出善待穷人的榜样，同样是一件需要十分小心而又十分不容易做好的事情，但都值得小心努力地去做，也都一定会结出善果。

再就是从人的角度来说，善待他人是人的本质之一，是人的本义所在，它包括三层意思。

首先，善待别人就是善待自己。任何一个人的存在，都是以别人的存在为前提、为条件的，一个人只有善待他人，自己才能存在，才能做成人，就是说，一个善待别人的人才真正是人，才具有人的尊严和神圣，才在社会生活中享有人的资格与权利。

所以，善待他人实际是在善待自己，是在不停地为自己创造和争得人的尊严、资格、神圣和权利；是在不断地向社会、向世界证明自己具有人的尊严、资格、神圣和权利。

其次，人不但是一种物质存在，而且是一种精神存在。人有永恒的社会追求与精神追求，希望使社会精神、人的精神、人的生活和人自身日趋完美。另一方面，在这个追求不断进步、不断完美的过程中，有着许许多多的困难和障碍，老百姓常说“人生有九九八十一难”，就是这个意思。人过一辈子，无论是谁，都很不容易，人与人之间相互善待，是我们对付这“九九八十一难”最可靠的保障之一。所以，对人来说，善待他人既是激励其社会追求、精神追求的动力，又是解决这个追求过程中各种困难的基本手段。

再次，善待他人是人们最主要的幸福源泉。其原因仍在于上面所说的人是社会存在、精神存在和人的社会追求和精神追求。

人们追求的幸福各式各样，世界上的幸福千种万种，但历史表明，能与人生共长久的是精神幸福，而真正能经得起时间筛选的精神幸福，是因善待他人有益于社会而获得的幸福。

“幸福并不取决于财富、权力和容貌，而是取决你和周围人的相处。”你想做个幸福的人吗？那么就从善待他人开始吧！

何时开始真正的生活

在你的生命岁月里，是否有过这样的时刻：为了父母的期望，为了社会的认同而放弃自己内心的梦想？小到自己的穿着，大到自己的人生志向，你是否遵从了内心的声音？还是已经跟着他人在走？爸爸说会计师很有前途，你一定要学这个，即使你喜欢的是摄影，可最终你还是选择了会计；妈妈说这件衣服好看，买这件，即使这并不是你内心想要的风格，可还是顺了妈妈的心意；社会上大部分人认为女人太要强，婚姻一定会不幸福，找个好老公才是正理，即使你也满心抱负，可最后你还是跟着众人的思维去了……在关系着我们人生走向的重大事情上，你是否诚实地面对了自己的内心？唯有诚实地面对自己，你的生活才会快乐，人生才会美好！否则，偏离内心的渴望越多，你内心的空虚和无力感便会越强！

生命、伦理、道德，当你经历了思想和情感的思考，决定做真正的自己，而非一个没有自我，没有思想意识的机器时，生命的本相才由此展开，你才真正获得了成长。这是一个人对待生命的真诚态度！

我们何时才真正开始生活？生命的意义何时才开始除去自己的面纱，显示它本来的面目和可能的样子？以下就是答案：

（1）当我们具有了生活的信念时，具有了独立的人格时，具有了可以维持生计的工作时，有了给予和获得爱的对象时。

（2）当我们知道多赚一点儿，少花一点儿时，知道如何减轻自己身上的重负，并且帮助他人减轻负担时。

（3）当我们具有足够的智慧，实实在在度过每一天，不为昨天的事情困扰，不为明天的事情担心时。

（4）当我们眺望远处的地平线，发现自己很渺小，并且不会因此而失去自己的信仰、希望和勇气时。

（5）当我们知道每一个人都像我们自己一样，或高贵，或可耻，或神圣与孤独，并且学着原谅他们、爱他们时。

（6）当我们能够同情他人，同情他们悲哀甚至罪过，知道每一次努力都会面对很多困难时。

（7）当我们知道如何去交朋友、保持友谊，不计较他人和自己的缺点，知道如何把朋友留在自己的身边时。

（8）当我们知道有些伟大的书籍是非常美好、恬静、充满想象力时，并且把这些书作为自己的朋友和导师时。

（9）当我们喜爱鲜花，抛开猎枪去追逐小鸟，与孩子一起忘情欢笑时。

（10）当我们在艰辛而又无聊的生活中找到快乐与高贵的秘诀，并且把艰辛的生活看成一场游戏时。当满天的星斗和水面的波光唤起我们的美好情感时。

（11）当我们能够发现每一种信仰（不管这种信仰属于哪一种类型，这些信仰应该能够帮助人们揭开人生神圣的意义）的优点时。

（12）当我们在看路边的一个小坑，而我们所看到的不仅仅是污泥时；当我们看到一个罪犯，而看到的不仅仅是罪过时。

（13）当我们知道如何去爱，如何去祈祷时，如何去开怀大笑，如何去服务于他人，高兴地去生活并且不惧怕死亡时。

只要你不给你生活的渠道以任何限制，你就可以得到更多看似无法得到的东西。

先别说你希望它怎么做或者被怎么做。你要深刻地认识到，每一个祈祷都是即将实现的好运，圣哲的光芒折射在每个人脸上。能做到这点，你面对任何情形都能游刃有余。

曾经一个女人来找我，希望我能够帮她让房主早日供给暖气，因为她所住的公寓非常冷，她母亲已经因此患上了重感冒。她还说："房主告诉我们，在某天前他们是不会烧暖气的。"我告诉她："你要相信你的房主是宇宙。"她说，这正是她最想听到的话。她回去后当天就向房主提出供暖的要求，房主立刻同意了。她瞬间明白，房主就是宇宙的化身。

时代精彩万千，人们的思想弥漫在空气中，充满了奇迹。《纽约周刊》和《美国人》上约翰·安德森写的一篇文章，刚好有力地佐证了我的话。文章题目叫《看戏的人在自己的心中上演神秘的戏剧》。文章的内容是这样的：

有个叫布洛克·潘伯顿的语言辛辣的戏院经理，他对纽约公众的需求了如指掌。有天夜里他嘲讽地对约翰说："你为何不告诉我看戏的人想看什么样的戏？我应该出什么样的产品？”约翰说：“我当然能告诉你，但你一定不会相信。”

布洛克说：“你是在回避我的问题。你根本不知道答案，只是装腔作势摆出一副比我懂的样子。你并不比我懂得多，你根本不知那部戏剧会取得成功。”

约翰说：“我当然知道。有个主题一定会热门，并且会永远热门，因为他从未失败过。它可以超越任何爱情故事、神秘故事或者历史故事，即使拍得很烂也会成功。”

布洛克问：“你还是在回避我的问题啊，它是什么戏剧呢？”

约翰回答得很轻松：“超自然戏剧。”说完后静静等待着对方的反应。

布洛克说：“超自然，你说的是超自然？”

约翰停顿了一下，继续给他列举了一些戏剧，如《绿草地》《昨天》《教父马兰齐的奇迹》等，然后说：“这些作品中的几部，好到连批评家也无话可说。”

那之后，布洛克走遍当地小镇的每一家戏院，到处寻找超自然题材的演员。

这篇文章告诉我们，人们开始意识到语言和思想的力量，开始理解“宇宙是满足人类期望的物质源泉，是肉眼看不到的事物明证”。通过信念，人们能看到期望法则的运作规律。

你在一个梯子下面走过，希望梯子给你来带来坏运，坏运就真的会来到你身边。梯子是无辜的，坏运的到来是因为你在期待。

因为信念以出乎意料的方式工作，它要显示出奇迹。所以，期望和恐惧都是满足一个人愿望的载体，所有的事情从科学的角度来讲都是可能的。

运用宽恕法则，我们不会犯错误，也不会受错误的影响（即使是犯下了鲜红的罪恶，也将被宽恕洗刷得洁白无暇）。

在阳光沐浴下的我们的身体，散发出一种“身体电”。它是种洁白的物质，预示着完美，永远也不会被摧毁。

不期而至的好运会如我所愿地发生在我的身上。

生活≠生存

我们的生活是由自己选定的，不管是有意或是无意。如果我们选择幸福，我们会得到；如果我们选择悲惨，我们也会得到。信念是对生命认知、生活方式所做的最基本选择，教我们如何开启和关闭自己的思绪。因此，要迈向卓越的第一步，就是要找出能引导我们迈向心愿的信念。

成功之道包括知道自己的目标、全盘的做法、每一步的结果、变通的弹性，以迄成功。建立信念也得遵循相同的途径，你得找出能助你成功，让你达成心愿的信念。如果你的信念与其相悖，就得丢弃，并另寻其他的。

所有人都惧怕信仰。有些人害怕信仰是不真实的，而有些人则害怕信仰是真实的。如果你能够保持在一个人面前的神秘感，你就可以用一支羽毛把他打垮。实际情况如何对于我们来说并不重要，重要的是我们如何去看待它，是一种乐观的心态还是一种悲观的心态。

个性受环境的影响。如果生活在井然有序的环境之中，你就会变得有条不紊。

当有人对我们说“上午好”时，我们就有如沐浴于阳光之中。但是这句话如果在早餐时说，就连打鼾也没有什么差别。

信仰忠诚、身体健康、有事可做，这些都是生活的组成元素，也是我们生活下去的动力。

如果你感觉不快乐，不要把这种不快乐带给他人，埋在自己的心里好了。

处事认真当然很好，如果过于严肃就不好了。生活本来就很艰难，不应该过于严肃。

每个事物都有影子：神秘是真理的影子；悲伤是快乐的影子；死亡是生命的影子。

每个人都生来自由，只要他有勇气营造自由，有才智去挽留自由，有智慧去分享自由。

生命的真正意义在于生活，而不是生存，更没有必要永无休止地去讨论生命的意义。

生命是一个很奇怪的东西：我们年轻时期待很多，收获却很少；当我们年老时收获很多，期待却很少。

无私的女人是个好妻子，却无法造就好丈夫。如果我们太好了，别人就不会那么好。

我们有两种方法生存于世：一种是停止思考，一种是停下来思考。

重大的事件考验一个人的能力，细小事件考验一个人的品格。

生活本身就是充满着变化和不测的！在我们或长或短的一生当中，如果我们已经努力过了，为自己的前程奋斗过了，即使失败了又如何！我们只需保有一颗平常心，快乐地活在当下。

有一个犹太人的故事：一个名叫拉比的犹太教师不小心从一幢大楼的顶层摔落下去。很多认识他的人在窗前看到他，都打开窗户焦急而关爱地询问他："拉比，你怎么样，还好吗？"拉比一边往下坠落一边回答着："到现在还很好！"每个楼层的人看到他几乎都问他类似的问题，而拉比也总是这样回答："到现在还很好！"

我们每个人都应该练习让自己回归当下，这是生命最完美的存在状态。因为只有活在当下，让身心真正地安住当下，生命才真正地与当下的一切进行毫无阻碍的完美沟通！生命的本相才真正呈现！

悠闲

卢梭曾经说过："不管到了哪里，我都一直留恋那令人愉快的悠闲生活，对唾手可得的富贵荣华毫无兴趣，甚至厌恶。"这才是悠闲生活的真谛。休闲是人们生活的必需品，是人最本质的需要，我们应该多抽出一点儿时间去享受生活，比如可以在暖暖的午后，在有阳台的小咖啡厅，或看书，或发呆，或闲聊的时候，有意没意的听。也许这会错过词作者的匠心精华，但我们却会在这样的氛围中享受悠闲的时光，放松经绷着自己的心弦。

也许有人会说没有钱我们又怎么悠闲地去享受生活，

可林语堂说："享受悠闲的生活决不需要金钱。有钱的阶级不会真正领略悠闲生活的乐趣。"没错，只有在悠闲的状态下，我们才能够享受生活。在争权夺利的商海里，我没有看见一个真正快乐的人，我看到的只有赔了钱赚了钱的穷人和富人，在官场上，我没有看到一个幸福的人，我看到的只是得意的升官者和失落的双规者。富翁和权贵们可以用钱买来的只有形式上的悠闲，而不会拥有真正的悠闲，因为真正的悠闲属于那些内心宁静的人，也属于把人格看得比事业更重大，把灵魂看得比名利更紧要的人。

如果你因为下周就要返回工作岗位就无心享受假日的美好生活；或者因为玫瑰就要凋谢就无心欣赏玫瑰的美丽；或者因为感觉自己终究要衰老而不去享受年轻时的生活。那你就会对不起自己的人生。

所以，人停止忙碌吧，该休息时就休息吧！不要再烦恼无法完成每一件事，也许当你不再那么匆忙，在享受生活的时候，许多好点子会突然浮现在你脑海中。如果你是那种不到身体支撑不了的地步，绝对不会停下来休息的人，那么你就得改改你的这个坏毛病了，当你感到肌肉紧绷、背痛、轻微的头痛、疲累的双眼、无法集中注意力等时，一定要休息！否则，过度的疲劳会危机到你的生命。

如果你昨天晚上去看了美女表演，并且因为这些表演没有莎士比亚或贝多芬那样高雅；或者因为你无法去想去的地方而不高兴。那你就要学会让自己悠闲自在起来。

美国实业家、科学家、社会活动家、思想家和外交家富兰克林说："悠闲的生活与懒惰是两回事。"是的，悠闲并非意味着什么事也不做。悠闲地享受生活也是一种休息，只要你放松自己紧张的情绪，用一颗平静的心去对待生活的每一件事情，你就会感受到悠闲带给自己的身心的愉快。其实，散步是一种悠闲生活的方式；躺到床上也是一种悠闲生活的方式；出去看场电影、读一本好书、看电视、听音乐，甚至和朋友打电话，都是一种悠闲生活的方式。只要我们能让心有一刻的安宁，我们就会感到生活原来可以这么的美好与幸福。

如果你不知道如何去生活，如何去爱，如何去帮助别人、给予别人快乐，不知道如何面对死亡或者与他人和自己交朋友，那你就要明白：热爱生活的人们，请好好感受自己的悠闲生活把！那沿途的美丽景色带给你的，不仅仅是愉悦的感受，还有对人生的思考，它甚至能避免某些灾难的降临。

病房里同时住进来两位病人，在等待化验结果期间，甲说，如果是癌，立即去旅行，并首先去拉萨，因为我一生都在忙碌中生活，从来没有品味到悠闲的滋味。乙也同样如此表示。结果出来了，甲得的是鼻癌症，乙长的是鼻息肉。

甲列了一张告别人生的计划表，离开了医院，乙住了下来。甲的计划表是：去一趟拉萨和敦煌；从攀枝花坐船一直到长江口；到海南的三亚以椰子树为背景拍一张照片；在哈尔滨过一个冬天；从大连坐船到广西的北海；登上天安门；读完莎士比亚的所有作品；力争听一次瞎子阿炳原版的《二泉映月》；写一本书。凡此种种，共27条。

他在这张生命的清单后面这么写道："我的一生有很多梦想，我总是在不停地追逐着金钱和名利，从来没有停歇过，也没有时间去享受过生活。现在上帝给我的时间不多了，为了不遗憾地离开这个世界，我打算用生命的最后几年去悠闲地享受生活。"

甲当年，放弃了自己辛苦的半辈子的事业，去了拉萨和敦煌。第二年，又以惊人的毅力和韧性通过了成人考试。这期间，他登上天安门，去了内蒙古大草原，还在一户牧民家里住了一个星期。这位朋友正在实现他出一本书的宿愿。

有一天，乙在报上看到甲写的一篇散文，打电话去问甲的病。甲说，我真的无法想象，要不是这场病，我的生命该是多么的糟糕。是它提醒了我，去做自己想做的事，去悠闲地享受生活。现在我才体味到什么是真正的生命和人生。你生活得也挺好吧？乙没有回答。因为在医院时说的，去拉萨和敦煌的事，早已因患的不是癌症而放到脑后去了。

所以，如果你一直对别人对你的看法斤斤计较，似乎这些看法真的很重要，同时耽误了自己去完成一些重要而又有价值的事情。如果你不知道，在这个世界上，只有少数人的行为和动机与你有关，其余的只须看一看别人和你自己是否有礼貌。如果你在生活的道路上不停地抱怨，而一次抱怨就已经足够了、两次抱怨就是危险的，而抱怨三次则是愚蠢的，对自己的朋友会造成很大的伤害。

悠闲地享受生活吧！不要等到生命快要结束的那一天，你才恍然大悟，甚至是到生命的终结，你也没有放慢生命的脚步去欣赏沿路的风景。那么，我想问这种人：这一生你到底是为什么而活？你又得到了什么呢？难道你生来就是忙碌再忙碌的赚钱，可是当生命结束的时候，你赚的钱对你来说连废纸都不如，因为外在的所有东西，都是带不走了。

洛·皮·史密斯说："假如你正在失去悠闲，当心！也许你正在失去灵魂。"一个人只有真正享受悠闲的时光，才能获得内心的宁静，如果他有一颗淡泊宁静的心，他就不会去追求那些实际上并不重要的东西——名利。现在许多人想通过获得金钱和权力的方式来获得悠闲，然而实践的结果，却出乎他们的预料，过量的财富带来的却是紧张，过重的权力送来的却是恐惧，到头来得到的却是更多的限制。

在这个必然要产生贫富差异的社会里，似乎没有一个人能活得轻松，富人有富人的烦恼，穷人有穷人的担忧，我们不妨尝试以下的方法去细细品味人生。

首先，好好品味美食。俗话说："民以食为天。"生活中最美好的事情之一就是花点儿时间坐下来和亲朋好友一同享受美味佳肴，这种慢餐运动是当下全球慢生活的主要支持力量。

其次，减少工作时间。如何减少工作时间呢？我们可以减去应酬社交，给自己放放假，延长和家人相处的时间，加长感受幸福的时间。

再次，午睡获取精力。中午小睡一会儿。不要以为白天睡觉就少干活儿了，其实，十来分钟的小睡会使你获得更好的精力。

第四，休闲放松心情。人正是从休闲中构建真正的自我。单单是表面上放慢了生活的步调，那与我们支配生活是不大相关的，关键的力量来自于我们内心，它只要沉稳而不慌乱，一切就都不是什么问题了。

第五章

发现生活之美

创造美好的生活

美在这个世界无处不丰，只要我们善于用留心，善于发夙，善于积累，那么就算是平常的生活，你也能从中发现并欣赏到美。在内心深入，我们都对美充满了渴望，我们渴望周围的风景能带给我们怦然心动的感觉，而不是庸俗。无论从事什么职业，都不要为金钱蒙蔽了双眼，而是要时刻保持对美的渴望和欣赏能力。只要心存期待，我们就能时刻捕捉到美。只要对美有所领悟，那么，不管你的职业是什么，你都可以作为一名艺术家。

我们不必对自己太苛求，我们又怎么知道别人一定比自己好？事实上每个人都有令人羡慕的东西，也有自己缺憾的东西，没有一个人能拥有世界全部的美好。重要的在于自己的内心感觉。

我们知道，生活的重要部分就是要去热爱美。你可能还没有意识到美对生我们来说具有多么大的吸引力，而只是将它看得稀松平常。然而，无论在那里，所有这些美好的事物——每一次日出日落，每一张美丽的面容，它们都可以陶冶我们的情操、启发我们心灵。

在一个小城里，有一个叫李玉冰的女子，她从小就百病缠身，而且尤为严重的一个病症就是麻痹症。这种病状会使人的身体失去平衡，手与脚会不听使唤地乱动，还会自言自语说出一些模糊不清的话语，十分怪异。在常人看来，她已失去了语言表达能力与正常的生活条件，更不要说什么前途与幸福了。但她硬是靠她顽强的意志和努力，考上了名牌大学，并获得了博士学位。她靠手中的画笔，还有很好的听力，抒发着自己的情感。在一次报告会上，一个学生对她这样提问：“李博士，你是如何看待自己长相的呢？”在场的人都责怪这个学生不敬，但李玉冰却十分坦然地在黑板上写下了这么几行字："一、我很温和；二、我的皮肤很白、很美；三、父母是那么爱我；四、我有特长，我会画画；五、我有一只可爱的小狗。"最后，她写道："我只看我所有的，不看我所没有的！"一句精辟的概括。

当你为每一次日升日落、草木无声的生长而欣喜不已时；当你向自己应该表示感谢的人敞开心扉地说声谢谢时；当你热情地置身于家人、朋友之中，彼此关心、分享喜悦时，你的生活不再是停留表面游荡不定，而是深入其中，聆听生活本质的呼唤，让生活变得更有意义。当你对人对己的需求越少时，你所获得的自由与快乐就越多。认清生活之中哪些是你应该拥有并且珍惜的，哪些是应该追求并且努力的，哪些是应该放下并舍弃的。不妨去养两只宠物，一个叫放下，一个叫快乐。放下才会快乐，快乐地去放下。

你的内心深处有没有这样想过："为什么我没有一个姣好的面容，一个完美的外部形象。为什么我不能够给家人带去更多的快乐，为什么我的生活不富足。天天工作时间安排得满满，投入的精力也不少，可为什么钞票总是不喜欢我呢！究竟什么时候才能够过上我想要的生活呀！"当你有这种想法的时候，你是否感觉自己的内心在一天天的枯萎。容貌是父母给的，是无法改变的，而精力与时间也可以通过自己的安排自行掌控，你要面对真实的自我，因为只有真实的自我，才能让你由内而外的神采奕奕，精神焕发。当你为拥有一幢别墅、一辆私家车而加班加点地拼命工作；或者是为了一次提升的机会，而默默承受上司苛刻的指责，并长年累月赔尽笑脸；为了永无止境的约会，精心打扮，强颜欢笑时，你真应该问问自己干吗这样，它们真的那么重要吗？只有按照你自己的内心去做事情，你才会感觉到快乐与幸福，才会让你那干枯的心灵得到润泽与慰藉。面对真实的自我，请从现在开始。

有很多人，看着身边的人们一天天地比自己优越，你可能免不了会心生羡慕。如果你过度地羡慕别人，习惯性地将自己所做的贡献和处境与一个和自己条件相当的人进行比较。如果某一项比值大于你，那么你就会耿耿于怀，产生心理失衡。

可是，现代社会却使我们越来越忽视培养感受美的能力。我们只关心物质财富，而忘了去感受美。如果继续这样，整天忙于挣钱，享乐，那么这种审美能力就会越来越多，最终导致美好的生活永远地离开我们。

所以，无论社会的节奏多么快，你都不要放松对审美能力的培养。它与思维能力一样重要。我们不应该将下一代的教育仅仅局限于学校，而是要使他接受更广泛的家庭教育，即：对美的珍视，对美的认识和发现。

不停止对美的追求

美在我们生活中的地位是无可替代的。在这个社会，美所面临的最大挑战就是，如何抵制物质的诱惑，使我们的双眼不被蒙蔽。别忘了，我们还有贪婪的一面，而它是最自然的人生。

但我们的天性中也有纯真、高尚的一面，那就是对美的追求和欣赏。我的一位朋友给我讲了这样一个故事，有一次，他在外出旅游时，看见一位妇女，总会在她的所到之处，撒下肥料。他说，这位妇女钟爱各种花卉，并且笃信这样一句谚语，“当你见到花儿，请为它们施一点儿肥吧，因为以后你也许再也不会踏上这条路了。”正是处于这样的目的，她撒下了这些肥料，希望在她经过的地方，所见的花儿都能美丽绽放。如果我们能向这位妇女学习，在自己经过的地方都撒下培育美丽的肥料，那么，我们生活的世界将变成一个无比美丽的后花园。

那些对美情有独钟的人，总会珍惜每一次旅行，因为他们呆以从中领略到美。那秀美的江山、碧绿的田野、潺潺的溪流，都是美的化身，它们是金钱代替不了的。如果你还没有感受到大自然的美丽，那么，你就错过了生命中最美好的东西。

心灵导师赛斯说：“世间万相皆由心生。你眼中所见的世界，就像一幅立体画，每个人都在作画的过程参与了一手。作画者本身也作为画的一部分而出现在画中。外在世界无一理不是源生于内，也无有一动不是先发于心。”

生活中，为什么很多人总是有着好的运气？因为他们认为自己好运！

生活中，为什么很多人总是遇到倒霉的事情？因为他们总是消极地认为自己很倒霉！

你心里有什么样的想法，就会出现什么样的生活！是你的心态左右了你自己！然而，我们的心态，我们内心的任何预言系统都是由于我们自己思想的传输才最终产生结果的！

如果你想，你有着内心坚定的信仰，你也可以让自己拥有快乐幸福的生活，也可以创造自己不菲的财富，也可以找到自己心爱的人牵手共度一生！

那么，为什么你没有这么幸运呢？你不快乐，你穷困潦倒，你孤单一人！那是因为，你总是抱怨生活，你觉得生活对你不公，你的思维总是告诉自己，“我的一生注定穷困，注定孤单！”不是上帝对你不公，不是上帝在为难你，而是你自己在用你消极的思想为难上帝！这让上帝如何帮得了你！能够帮助你自己，解救你自己的，没有别人，只有你自己！对生活多一些接纳，少一些挑剔，多多发现自己和他人的优点，你会发现，原来生活是这么的美好！

英国作家萨克雷说：“生活就是一面镜子，你笑，它也笑；你哭，它也哭”。我们为什么不做一个微笑之人呢？将微笑带给自己，也带给身边的人！

懂得欣赏生活的美

在我们的生活中，每个人与生俱来都有对美的追求，无论出生于贫穷还是富裕，他们都一直在寻找美好的事物。慈善家雅各布·里斯经常把家里种的花带到马伯里街区，并分发给当地的穷孩子。他说："每次我捧着花去马伯里街区，可是还没走到，花就没了。因为我经过的地方有太多的穷孩子了，他们喜欢那些美丽的花儿，总会盯着它们出神，所以，我们那些花都给了他们。他们拿到花后，都会露出欢喜、幸福的，看破着他们的样子，我心里也无发欢喜。他们虽然是穷人家的孩子，但对于美好的事物同样充满渴求。只是，在这个物质的社会中，我们往往只注重到他们物质上的匮乏，却忽视了他们精神上的需求。所以，后来，我们开始为贫民区的人们建立学校、公司，不仅化是要让孩子们去感受美，更重要的是可以培养他们欣赏美、捕捉美的能力。”

这个世界充满了美，但遗憾的是，太多的人不懂得怎样去。这个世界并不缺少开卷有益，缺少的只是发现美的眼睛。之所以会造成现在的局面，就是因为我们在追求物质财富上花费了过多的精力，并且为这种追求而蒙蔽了眼睛，由此浇灭了我们对美的渴望。幸运的是，还有不少人，并没有沉沦于对金钱的痴迷中，他们依然心怀执著，追寻着所有美好的事物。

野蛮人攻下希腊后，便开始了他们的全面破坏，希腊的寺庙和各种艺术品，都被他们洗劫一空。但是，尽管他们是一群野蛮人，也还是为这座城市的美丽所震撼。那些美妙绝伦的艺术雕像虽然被他们砸碎了，但它们的灵魂还在，甚至还使这群野蛮人受到了感染，获得了新生的力量。

有人问柏拉图：“什么样的教育才是最好的？”柏拉图回答说：“如果能使一个人的身心都能感受到美，那么这样的教育便是最好的。”生命的完整与坚强，都需要美的熏陶。一个不懂得欣赏美的生命，是不完整的生命。他们不能欣赏日出日落的独特美丽，也感受不到美对心灵的冲云朵，这不得说是一种遗憾。

野蛮人并不懂得欣赏美，他们虽然敬仰希腊的辉煌艺术，但却没有体会到其中的美学意识，他们只是用动物性的本能对待未知的事物而已。

不过，随着社会文明的进步，人们已经有了多种方式去表现这种文明，传达内心对美的感受。哈佛大学教授查尔斯·诺顿曾说："美对人类文明的发展，有着不可或缺的作用。我们甚至可以在建筑、雕塑和绘画等艺术中，发现人类进步的足迹。"

为了提高自己的审美能力，许多人花费了很长的时间来训练自己。他们希望自己具有较高的欣赏水平，以使生活充满更多的欢乐和色彩。最关键的是，美可以给人的生活带来更多的幸福，也令工作更有效率。

芝加哥有一位教师，曾在教室里布置了一个"美的角落"。这个角落位于一扇明亮的窗户下，地上铺着一张极富东方韵味的地毯，上面摆放着一张咖啡桌，几张精美的图片贴在墙上，还有其他一些特殊布置的东西。这使得这个角落异常美丽。

这样，学生们下课，都能因这个角落而感到心情舒畅。不知不觉间，他们都受到了“美的角落”的感染，言行举止更加温文尔雅，也更乐于助人了。这个变化在一个意大利小男孩身上特别明显，他曾经衣着邋遢，但因为受到“美的角落”的影响，他很快就例自己变得清清爽爽了，这种变化让同学和老师都感到惊讶。

这个例子也说明，人们生活的环境通常能改变人们的性格和生活习惯。大自然对人的影响胜过了任何教育，它有鸟语花香，有潺潺溪流，有风的呼啸，有海阔天空，有山林湖泊——这种种色彩表明：大自然就是美的最好的教育者。如果你忽视了这些美丽，也没有接受它的教育，那么你的生活将毫无活力可言。

如果看到周围的朋友买了漂亮的大房子你会羡慕，买了轿车你也会羡慕……羡慕与不满足心理犹如一对双胞胎姐妹，相伴而生。过度的羡慕是不满足的前提和诱因，和那些成功人士比安逸、比富有、比阔气，致使自己心理失衡，越来越不满足。有的人则为自己能出人头地、占据上风而无限度地追求个人名利，进而驱使自己不断走向心理的极端。

例如某些官员看到与自己同等级别的其他官员用车比自己高级、住房比自己宽敞，自己甚至还不如某些级别和职务低的人，心里自然会感到很不平衡，于是换车换房也就不足为奇。其原因主要是心理上的诱因导致的。

在一些聚会的高档场所，总有一些人是侃侃而谈、笑容可掬。他们是聚会中的主角，风光无限，机智、幽默是他们的魅力光环，有他们的存在，总显得那么热闹非凡。当然，你只是看到花团锦簇中的笑靥，而永远看不到深夜中那双眼眸流下的泪水。我们不要总是羡慕别人，每个人都有自己的思想，自己的生活方式，生活所给予的也总是或多或少，不需要太过在意。在人生旅途中，你只要看好自己脚下的路，走好便可以了。

在你过度羡慕别人的同时，不妨换个角度想一想，比你优越的人是不是已经失去了许多自由，而且还吃了不少的苦。你所看到的只是人家劳动带来的成果，而想不到成果背后所付出的艰辛和努力。那些心态平和的人也许生活中物质的享受并不比任何人好，只是他能接受自己，觉得自己好而已。

我们都有羡慕别人的心理，其实是很正常的事情，也有可能会变成超越别人的动力，这是一种不可或缺的有益心理。但如果我们把对别人的羡慕变成心中的狭隘和妒火中烧，从而做出一些不理智的事情，甚至把羡慕变成自卑，觉得自己处处事事不如人，人生处处是陷阱，因而失去人生的勇气和信心，这些都是不可取的。所以，在羡慕别人的同时，你不妨也找找自己的优点、亮点，给自己打气、加油、叫好、喝彩，时不时也羡慕一下自己，并在一个合适的时候奖赏自己一下。

没有完美无瑕的生活

屠格涅夫曾经说过：“人生没有一种不幸可与失掉时间相比了。”

稍微有些生活经验的人都知道这个道理：世界上从来没有什么完美，追求从来没有的东西，结果只会使自己徒增烦恼而已。所以，一个人要想生活得快乐一点儿，就不要对自己处处苛求，不妨把自己的瑕疵当做自己进步的突破口。

记得有一次，一个成功人士骑马穿越约塞米地国家公园，由于已经走上百英里的路程，这位成功人士身心俱疲，可还得再走十几英里才能到达目的地。可当他疲惫不堪地翻过山头时，却被眼前的景象惊呆了：太美了！落日斜斜地附在山头，金黄色的光映在约塞洋地瀑布上，那日光与水影，令我无比沉醉，所有的疲倦在那一刻完全消失，只让我心旷神怡。是大自然的神奇与美妙，洗去了我的所有疲惫。一直到我到达目的地，那美景还依然在脑里盘旋。

无须怀疑大自然以鬼斧神工所创造的美，也无须怀疑我们自己创造美的能力。

优质的生活也应该是一种简约而美丽的生活。试想一个堆满杂物的房间，无论如何也不能很好地美丽起来。同样一个人拥有杂乱的心境，无论如何，也不能使心境好起来。所以，糟糕的生活也是糟糕心境的一种反映。只有铲除了内心毒草的人，才会拥有良好的生活。

某地的森林里长满了林林的树木，有的矮小，有的挺拔，有的粗壮，有的参天，不一而足。它们都健康地生长在这方沃土上。森林里还居住着它们十分尊敬的树神，一片安静祥和的景象。一些到森林里来拾柴或采摘野果的人，都会得到树神的眷顾，使得他们能够在炎炎的夏日里躲开日光的照射，可以在树下乘凉，还能够喝到甘甜的泉水。直到一只鸟的到来，改变了这里往昔的宁静，它的嘴里有颗带毒的种子。这只鸟落到一棵大树上休息，种子掉落到地上，这个毒种子在沃土里以惊人的速度成长着。这时候，巨毒扩散开来，大树顷刻之间枯萎了，而且也将毒蔓延开去。所有的小树都向树神求救，树神在为大树悲哀的同时，也有些力不从心，因为他实在没有想到解决的办法，一阵恐慌向他袭来。如果再找不到解决的办法，或许在七天以后，这片森林便会消失得无影无踪。

就在树神百思不得其解的时候，突然间从空中传来一种声音，那个声音传达的意思就是树神苦苦思索的答案，它告诉树神，要解决问题必须从源头看，除去毒草的根就能救活整个森林。

这时候从远处隐隐约约走来一个青年人，于是树神化为人身，向青年人迎面走去。树神对年轻人说，这棵树下有许多的财宝，只要你把这枯树的树根挖出来，你就会得到财宝。年轻人听说有财宝后，马上迫不及待地挖起来。

当把树根全部挖出的时候，财宝一一呈现在年轻人的眼前，树神把财宝给了年轻人，年轻人高高兴兴地回到家里，大森林又恢复了往日的生机盎然与宁静。

可见，心情和快乐的前提是摒除心中的毒根。只有割除了病痛的根源，才会健康永相伴。

一百个人就有一百种不同的活法，同样他们对品尝同一个鲜美的果子，也有着各自不同的感受。你可以，像诗人一样充满激情与浪漫，像僧人一样充满开悟与通达，像学者一样充满书香气息，像军人一样充满纪律，像老者一样审慎思考，像孩子一样欢歌笑语。

在久远的古代，一位富有智慧的人丢了马，朋友说你真是不幸，老人答道，这可未必呢？不久以后，走失的马又带回了一匹马回来，朋友说，你真是幸运呀！失而复得还变本加厉呢！老人答道，这可未必呢？老人的儿子骑马时，从马上摔下来，腿摔断了，他的朋友说，你真不幸，宝贝儿子的腿摔断了。智者回答，这可未必呢？经过了两个月，国家打了败仗，需要大量的士兵支援前线，于是那些健全的刚刚被征的兵都战死在沙场上，无一幸存。老人的儿子却躲过了征兵，依然健康地生活着。这个故事还可以继续讲下去，你感受到智者的智慧所在了吗？即使你的生活并不如意，你也要正视它，更不要想去躲避它，更别用恶言恶语去中伤它。一个人最富有的时候，也是他最贫穷的时候。无论你是什么样的人，首先一定要净化自己的精神世界、净化自己的心灵，才能达到心情的和乐、人生的美满。任何事情是好是坏并不知道，然而你却很清楚你的内心。它的平和它的快乐，会使你的人生更洒脱、自然、美好。

世界上的每一个人，无论是平民百姓，还是哲人贤士，也都有着自身的弱势。就拿美人来说，我国古代的四大美人都有自己的不足之处，西施是一个长了一双大脚板的女人，王昭君是一个斜肩，杨贵妃有狐臭，貂婵的耳朵太小。公认的美人都有缺点，何况是普通人呢。生活更是这样，说明白点，不完美才是生活。试想一下，如果生活中只有晴空万里，而没有乌云笼罩，如果生活中只有幸福而没有悲哀，那么，这样的生活有意义吗？毕竟在我们的生活中，人们的幸福是由悲伤和喜悦交织在一起的密线，快乐正是有了悲伤才得以显现，在生活中，不幸和幸运紧紧相随，当一个人获得成功的时候，要提防失败尾随而来，如果时时渴望幸福，就不会耐心地忍受各种苦难，就体会不到克服困难后的那种胜利喜悦。

既然每个人都有着自己的不足，所以，我们要正确地认识人生，容许不足的存在。辉煌和悲伤都是我们人类自己创造的，每一颗心灵都是个小天地，心情的喜悦就使这个小世界充满快乐，而不满足的心灵则会使这个小世界充满伤感。

追求完美的人强迫自己努力，他们很惧怕失败，可生活的处境常常给他们以失望。大多数的事实证明，越追求完美，生活越会出现不足，这样不但会让人产生焦虑和沮丧的不良情绪，而且还会影响到工作绩效和人际关系。

追求完美生活的人常会感到不安，越是这样，他们的工作就越会出现问题，根源在于他们用一种不正确的态度看待人生。他们最为普遍的错误想法就是，不完美的事物没有任何价值可言，比如，在考试中考了99分，自己会对为什么失去那1分耿耿于怀。他们往往把那1分看得过重，认为这就是自己的失败之处。

追求完美的人的心理还有一个误区，他们会认为自己“永远不可能再把这件事情做好了”，这种无休止的自责会使他们产生一种受挫和内疚的感觉，使他们的生活没有快乐可言。

美国加州大学伯恩斯教授列出了追求完美的弊病：

（1）令自己神经高度紧张，有时连一般水平都达不到。

（2）做事时不愿意冒险怕犯错误，而错误恰恰是做事的过程中必然会发生的。

（3）不敢尝试新事物。

（4）对自己苛刻有加，令生活失去了情趣。

（5）成天处于紧张的状态下不能自拔。

（6）不能容忍别人，认为自己是个吹毛求疵者。

从这个分析可以看出，如果放弃追求生活的完美，很可能使生活更有意义和更有成就感，也因此会感到轻松和快乐。

因此，伯恩斯教授说："假如你的目标切合实际，那么，通常你的心情便会较为轻松，行事也较有信心，自然而然便会感到更有创造力和更有工作成效，不过，事实上你也许会发现，在你不是追求出类拔萃成就而只是希望有确实良好的表现时，反而可能会获得一些最佳的成绩。"

平衡

我们每天都走在人生的岔路口，每天都必须进行选择。

很多人对该做什么事，是去是留感到无所适从。他们总希望听从别人的意见，而自己又会后悔接受别人的意见。另一些人则如同在商店中讨价还价一样权衡利弊，认真地对事情进行推理思考。若达不到目的，他们就会异常惊讶。

每个人都有愿望，都有自己的梦想之田，如果你被负面想法所束缚，信仰因此显得不可靠，梦想之田太过遥远、模糊，蛮荒比埃及地还要可怕。

以色列儿童穿越红海的故事是《圣经》中最富戏剧性的

故事。

在摩西的带领下，他们成功逃离埃及，摆脱了束缚和奴役。

像其他大多数人一样，埃及儿童并无信仰。他们口中简直不知所云。他们对摩西说："在动荡不安的时候难道我们没有说过吗，把我们留在埃及，给埃及人服务，因为我们宁愿为埃及人服务，也不想死在荒野之中。"

摩西告诉他们，镇定点，别害怕，上帝会拯救他们。上帝会告诉你：你今天见到的埃及人，明天直到永远也不会再见到了。

"你应该保持平静，因为上帝会为你战斗。"摩西用这段话来给以色列儿童灌输信仰。

这些儿童甘于当奴隶，也不放下自己的疑虑和恐惧，他们没有信仰，不愿越过荒野，到达梦想之田，也更不能领悟到，要到达梦想之田，就必须穿越一段蛮荒地带。

你的周围充满了恐惧和疑虑，但总会有人告诉你勇往直前！摩西的化身在前行路上为你指路，它有时是朋友，有时是直觉。

上帝对摩西说："不用再哭泣，告诉以色列儿童，勇往直前！把旗帜竖起来，把手伸出来，越过的红海将一分为二。这样，他们就能在干爽的地上越过红海了。”

于是，摩西伸出手划过红海，上帝用整夜的东风将海洋吹开，面前展现出一条道路。

两旁的海水像墙一样退开，以色列儿童在干爽的土地上穿过了海洋。埃及人紧追不舍，法老的全部马匹和骑兵全部跟着他们进入海洋。

上帝对摩西说：“把你的手臂伸出来，划过海洋，淹没所有埃及人、埃及的马匹、战车和骑兵。”于是，摩西照做，海水合在了一起，埃及人兵荒马乱，被置于海洋之中。海水淹没了战车和骑兵以及追赶摩西的人，这些人全被淹没，一个也没活下来。

当然，《圣经》所说的是个人情况，它说的就是你的蛮荒、你的红海和你的梦想之田。

梦想之田确实存在吗？埃及人会基于理性思维而反对，但有些事早晚会告诉你：勇往直前都是局势所逼。

她是一位钢琴家，名声享誉海内外，她回国时带了很多剪报，非常愉悦。

有位亲戚对她有很浓的兴趣，愿意资助她进行一次巡回演出。他们找了一位负责开发和具体事务的经理。

一两场音乐会后，经理把钱全部卷走了。这位钢琴家非常失望且束手无策。就在这时，她来找我。

她心里非常难受，她恨那个经理。她没有钱，支付不了房租，手经常被冻得无法弹琴。

此时，她就处在埃及人的束缚之下，憎恨、愤怒、贫穷、约束。

她被朋友带到了我的课堂上，向我讲述了自己的故事。我说：“如果想要成功，你就要从宽恕开始，你必须停止憎恨那个人，成功就会再次光临。”

这个要求不算容易，可她一直在努力做，多次出现在我的课堂上。

与此同时，她的亲戚希望通过法律能够要回那笔钱，可过了很久也没有进入司法程序。

现在，我的这位朋友不再充满忧伤了，她宽恕了那个人，且有一种想去上海的想法。

五年后，法院告知官司已经进入了司法程序，她从昆明给我打来电话，希望我说一些咒语，使法院能够给予她公正的裁决。

他们依约前往法院，法院将问题圆满解决，那个经理按月归还这笔钱。

她高兴地来找我说："我已经宽恕那个人了。"我祝贺她，她说让她更加惊喜的是那位亲戚说，将所有的钱都给她，她的银行账户上会多出一大笔钱。

她摆脱了束缚，到达了自己的梦想之田。她对那个人的善意使得海水分开，她从干爽的土地上穿越了海洋。

干爽的土地意味着你脚踏的坚实土壤，而你的脚下是你对它的理解。

摩西是圣经中最伟大的人物之一。他带领他的民族摆脱埃及，他要做的不仅是摆脱奴役，还有激发民族可能已经被奴性消磨干净的反抗意识。

摩西不是非凡的天才，可是他饱含了忘我的精神和勇气。摩西被称为最和蔼的人。我们听到过这种说法："他遵从上帝的戒律，成为了一名强大无比的人。”

请你记住，这种情况随时可能在你身上发生，想想自己吧，长时间生活在恐惧和疑虑下，你已经失去了勇敢的动力。告诉自己“勇往直前”吧，“上帝整夜的东风”可以给你强大的信心！

说出你的心愿，如果你经济有问题，你就说：“我的物质源泉来自宇宙，在圣哲的恩惠下，令人惊喜的意外之财会以完美的方式来到我的身边。”

有人说圣哲创造奇迹，他的工作方式是异常神秘的，我们也可以说：圣哲的工作方式是令人惊异的。你提出了自己的物质要求，东风也随之吹起了。

直面自己贫穷的红海吧，显示出自己的无畏精神。

生活定律

生活中，为什么有的人能够快乐地生活，有的人能够很快地走向成功，这主要取决于他们不仅拥有良好的人际关系，健康的身体，美好的人生，更重要地是他们到了适合自己生存的定律。

对于这个结论，经过对许多成功人士的调查，他们都道出了一个非常简单的秘密，这个秘密就是他们给自己找到了一个合适的定律，而这个定律就是经常在我们生活中发生的定律。

你不妨仔细想一想，在现实生活中，我们是否想过有很多的东西都和我们的生活现象有着千丝万缕的联系，但我们却不清楚如何应用。有时，尽管我们绞尽脑汁去总结某些现象之间的因果关系，却不明白其中的道理。更多的时候，尽管我们明白了许多做人的道理，却不知道如何去应用，如何让这些生活中的定律给我们的生活带来奇迹。然而，更多的时候，我们都是在迷惑中寻找着失落的自我。

因此，我收集了一些对我们有用的定律，并把其编撰成书，使更多的人能够获得成长。这些定律主要涉及了励志、梦想、信念、目标等，如果我们能够把这些定律应用到生活中，我们的生活就会出现另外一种景象。

当然，在这些定律中，更多的是对我们灌输了一种理念，让我们去思考如何主宰自己的命运。这正如我在书中所写：在我们的人生历程中，我知道我将情归何处，我知道我将做些什么，我知道我的命运我主宰。

我每天都在渴望成长，我活着的每天、每分、每秒都在为了某些事情付出自己的生命。为了实践某个理想，我穷尽自己毕生的心血、精力、想法及创意，甚至为它牺牲，无论我是否认为这是一种牺牲，我都会为之坚持不懈，直到成功。

我喜欢我自己的工作，无论遭受多么大的打击，我从来没说过生活就是一种煎熬！我相信自己的一生是快乐的，而且我始终不渝地下定决心一定要让自己快乐！

尽管当我选择了最重要的事情时，我的价值观会影响我的决定。但我还是坚信，我想拥有一个非常充实的人生，我愿意为它付出生命，这是我活着的理由。

说实在的，这也是我们生活中的一个定律，它在告诉我们：如果我们想改变我们的生活，我们就要认识生命是一种过程，尽管每件事的结果很重要，但做事情的过程更加重要，因为过程使我们的生命更充实，结果使我们的生活更快乐！

事实上，我们的生活蕴含着无数的生活定律，这些定律无论把它应用到那种领域，放在什么样的生活中，都会对我们的生活起到影响，并且还会发现这些定律和我们生活中的许多现象息息相关。

最后，我要对大家说的是，在本书中所例举的定律，并不是大家所看到的像什么“木桶原理”、“彼得效应”等那样深奥，而是一些通俗易懂的定律。正因为这些定律的简单、通俗，才能使大家少走一些弯路，以最短的时间早日找到幸福。

当然，这些生活中的定律，虽然不是绝对的成功公式或规律，但是它们能使你防微杜渐，能够激发起你深藏于心的潜力，让你满怀信心地去为自己的理想而奋斗。更重要的是，这些定律能够让我们修炼身心，使我们无论在为人处世、学习生活，还是经营管理、成功立业等方面都有所帮助，让我们真正地认识自我，从而改变自己的命运。

心灵所体现的生活之美

在我们的生活中，人人都想要漂亮的脸蛋、匀称的身材，但更能打动人心的是脸蛋和身材表现出来的美丽心灵。因为，拥有美丽的灵魂，才是一个人格完整的人，每个人都应该去追求这种美丽和完整。追求外表美丽固然无可厚非，但这是舍本逐末的。外表的美也是自然美的一部分，然而大自然真正的美却体现于它的气势和，以及它的品质。如果你没有理解到美的精髓，那么你就不能领会到这一点。

正是对美具有感受力，人类与猿才有区别。在这个进化的过程中，我们逐步加深对美的体会能力，并不断创造着美。如，诗歌、音乐、雕塑和建筑，这些都是人类创造美的成果。并且，它们不仅仅是形式上的美丽，而是反映了人类心灵的进步和文明的进步。

美对于人类太生了，它感化着我们的灵魂，为我们带来最崇高的快乐。正因为有众多美好的事物为我们的心灵留下深刻的记忆力，我们才能愉快健康地成长，并远离世界的繁杂，保持自己的本真。所以，父母们尤其要注意，一定要精心摆设家中的各种物件、家具等，因为童年的记忆对人的影响非常重大，它们会牢牢地在小孩心中扎根。所以，父母要注意从小就培养孩子美好的心娄，让他们懂得感受与欣赏所有美好的事物。一张名画，一首名曲，都可能带领孩子通向美的殿堂。

其实，每个人都可以获得心灵之美，这是自然界最为崇高的美。即使那些长相丑陋的人，只要他们多加强内在的熏陶，也能使自己成为一个心灵的人，而不是那种肤浅的外表美。

无论在哪里，都用自己美好的心灵去感染他人，让周围一切都变得美丽，这是人格美丽的人所具有的特征。这种习惯会为你带来美丽的生命，因为真正的美源自内在，外在的美是内在美的折射，所以，内在美才是真正的美，他与外在美是统一的。只要你的心里充满美丽，那么你就会给别人甜蜜与和谐的印象，就会更加吸引人们的眼球。

女孩子们常常花太多的时间在外貌上，但是她们完全没有必要为自己的其貌不扬而伤心，她们只要表现得自然，表现出天生对美的追求，那么她们就很美了。如果一个女孩拥有积极的思维、优雅的谈吐，智慧有趣的头脑以及助人为乐的品格，那么她不就是美丽的代言人吗？

内在美才是真正的美，如果你始终保持着对美的追求，那么你自己就能变成美的化身。渴求美的人有一种人格魅力，这是外表的美丽所不及的。正如，许多女子长相一般，却深深地打动了我们，因为她们的内心深处散发着一种气质和吸引力，这种吸引力超越了任何外表的影响。

当人们谈论起芬尼·金贝时，他们总是说："尽管她身材矮小，还有点肥胖；但她是我见过的最具魅力、最有吸引力的女士。在我眼里，她就是一件精妙的艺术品！她人格上的魅力，可以将任何外在的美丽都比下去。"安托万·贝瑞尔也曾感叹说："世界上没有丑女人，只有不懂得怎么去表现美丽的女人。"

人类真正的美丽在于性格上的吸引力，那就是举止优

雅，谈吐得当。当然，并不说外表的美丽就不重要，而是要明白内在美才是外在美的基础。如果一个人的内心肮脏、阴险，那么即使她美若天仙，又有什么用呢？莎士比亚说过：“上帝创造的只是你的脸，而你创造着真实的自己。”这就意味着，是美丽还是丑陋，其实是你自己说了算。

一个人的美丽不能缺少和善大方的性格，它可以原本普通的相貌变得美丽迷人。而如果一个人性格暴躁而偏执、并充满嫉妒，那么即使他原本长相俊美，也会变得丑陋不堪。总之，则人的性格决定了他的美丽。

释迦牟尼在静寂的森林中坐禅，听到远处有两个青年男女的欢笑声。不多久，就见一个年轻的女孩，急匆匆地从面前经过，逃到另一个方向的森林中去了。随后，男孩也匆匆地追了过来，见到释迦牟尼，急急地问：“刚才你有没有看到一个女孩跑过来？她偷走了我的钱包。”释迦牟尼不动声色地反问：“寻找逃跑的女孩和寻找本来的自己，哪个更重要呢？”男孩显然从来没有想过这个问题，一时间感到无所适从。释迦牟尼再一次问他：“寻找逃跑的女孩和寻找本来的自己，哪个更重要呢？”年轻人在心中反复回味着释迦牟尼的话，终于发现了“迷己逐物”的愚蠢。

故事中的这个男孩何尝不是现实中的我们自己呢？在忙碌的社会中，我们亦步亦趋地追求功名，追求财富，追求享乐，追求时尚，却丢掉了最宝贵的财富——自己。我们早已迷失了方向，不知该去哪里寻找自己。从我们懂事开始，父母就告诉我们，要好好学习，一定要超过别人，以后挣大钱，一定不要给家人丢脸。于是，我们就在竞争、追赶的环境中一步步成长起来。我们要赢得第一，我们要拥有财富，而在这样的追赶过程中，我们却完全迷失了自己。原本淳厚的“自性”之心变得伤痕累累，随着年龄的增长，伤口不仅没有消减，反而越来越深。唯有在安静的夜里，我们才深切地感受到这伤口的疼痛，而这样的结果，竟是我们自己一手造成的。只是很少有人愿意去承认，我们更愿意将这样的过错归结于社会，归结于父母，归结于生存的需要。

人类的平均寿命不管有多少，问题在于我们不是应该活更长的时间，而是应该活得更有意义。

只要我们能够融入生活，我们就不惧怕生活的痛苦。问题在于我们因被抛弃而受到伤害的那种感觉。